北京中心城区
城市森林公园物种手册

常　青　李新宇　莫训强　高俊宏　编著

中国农业大学出版社
·北京·

内 容 简 介

城市森林公园是北京市中心城区"留白增绿"实践的典型成果，园内生物多样性丰富。为增强城市森林公园的生物科普服务、提升公众的生物多样性保护意识，本书以广阳谷城市森林公园为例，将园内植物（56 科 143 属 200 种）和鸟类（8 目 21 科 38 种）信息收录成册，介绍物种中文名、拉丁学名、形态特征等信息。

本书既有科学性，又具较强的科普实用性，可作为大中小学生和广大城市居民进行植物和鸟类认知的工具书与参考书。

图书在版编目（CIP）数据

北京中心城区城市森林公园物种手册 / 常青等编著 . -- 北京：中国农业大学出版社，2022.10

ISBN 978-7-5655-2879-8

Ⅰ.①北… Ⅱ.①常… Ⅲ.①城市 - 森林公园 - 物种 - 北京 - 手册 Ⅳ.①Q152.1-62

中国版本图书馆CIP数据核字（2022）第192378号

书　　名 北京中心城区城市森林公园物种手册

作　　者 常　青　李新宇　莫训强　高俊宏　编著

策划编辑 梁爱荣　　**责任编辑** 石　华

封面设计 郑　川

出版发行 中国农业大学出版社

社　　址 北京市海淀区圆明园西路 2 号　　**邮政编码** 100193

电　　话 发行部 010-62733489，1190　　**读者服务部** 010-62732336

编辑部 010-62732617，2618　　**出 版 部** 010-62733440

网　　址 http：// www.caupress.cn　　**E-mail** cbsszs@cau.edu.cn

经　　销 新华书店

印　　刷 运河（唐山）印务有限公司

版　　次 2022 年 11 月第 1 版　　2022 年 11 月第 1 次印刷

规　　格 138 mm × 210 mm　　32 开本　　4.25 印张　　120 千字

定　　价 68.00 元

序

自2020年初新冠疫情出现以来，城市居民向往与自然亲近的迫切心情可以说是前所未有的。人们似乎在一夜之间忽然发现自然万物是如此的美好，原来身边的一草一木竟然具有意想不到的疗愈身心的功能。打开微信公众号、朋友圈、小视频……往日名山大川、江河湖海的壮丽景色少了，取而代之的是公园绿地、街头广场乃至小区楼前楼后由于疫情而疏于管理的草地、道路边肆意生长的野花和野草，还有阳台、窗户边欢快栖居的喜鹊和斑鸠。上了点年纪的人触景生情，还能叫出这些熟悉的动植物的俗名，回忆起了他们曾经快乐的童年。在2022年春上海疫情期间，网上刷屏并被广泛转发的一段视频，就是一名有植物学知识的居民在小区隔离时每天寻找能够食用的野菜，并登记鉴定，竟然统计了几十种，并调侃说靠这些野菜度过了蔬菜短缺的日子。然而，对于大多数普通城市居民而言，要准确识别身边的动植物并非易事。笔者在日常的植物观察中就经常会遇到把臭椿当作香椿、把泥胡菜当作蒲公英、把樱花当作桃花或杏花的植物爱好者。如果仅仅是观赏，叫错名字倒也无妨。如果喜欢食用野菜，误食恐怕会带来身体上的伤害，甚至危及性命。由此可见，识别是我们接近植物的第一步。

北京是北方城市中生物多样性最丰富的大都市。不仅历史文献、诗词歌赋中有很多关于花草鸟虫的记载，而且20世纪80年代初笔者在北京林业大学（当时的北京林学院）上大学时，校园内外、公园绿地随处可见野生植物，为我们的植物分类学实习提供了天然的教学场所。如今，很多城市的公园绿地，特别是人工草坪实行高强度、标准化管理，乡土植物的生存环境日益受到威胁。2017 年北京市首个城市森林公园——广阳谷城市森林公园建成，4.4 公顷的森林郁郁葱葱地呈现在中心城区，这里很快就成了植物、鸟类和昆虫的乐园。市民走出家门，漫步林中，不仅能看到华北地带性森林群落和代表性树种，也能在林下邂逅越来越多的、早已销声匿迹的乡土植物。20 世纪末，欧洲一些国家提出把野花、野草引回城市，在城市中种植蜜源植物，为植物传粉者蜜蜂营造栖息生境等的做法，似乎都没有把森林引入城市更有力度。城市森林公园建成了，多样化的生境形成了，生物种类自然就丰富了。

中国农业大学青年学者常青老师组织十多位年轻的教师和学生，不辞辛苦，全面调查了北京市首个城市森林公园——广阳谷城市森林公园的植物与鸟类，并将调查成果汇编成书，该书收录了北京中心城区常见的 200 种植物和 38 种鸟类的基础信息。这是一件非常有意义的工作，本书科学性与趣味性并存，既能为民间自然观察者和生物爱好者提供有价值的物种背景资料，又可以为其他普通市民、中小学生提供一册图文并茂的科普读物，同时，也能给北京城市生物多样性保护和城市森林公园规划建设实践提供有价值的参考。

期待着年轻的作者们能持续关注城市森林公园物种多样性的动态变化，有源源不断的成果分享给公众；也期待着有更多的对专业执着、对科普热爱的年轻学者和科技人员能够关注我们的城市生物多样性，为实现人与自然共生都市的目标贡献一分力量。

李浩远 教授

2022 年 9 月于南开大学

前言

2017年9月中共中央、国务院批复的《北京城市总体规划（2016—2035年）》明确，以“疏解非首都功能”为引领，坚持疏解整治并举、“腾笼换鸟，留白增绿”的原则，“完善城市绿地系统，建设森林城市，让森林进入城市”。北京中心城区，尤其东城区和西城区是城市森林公园建设的重点区域。广阳谷城市森林公园位于北京西城区菜市口地铁站的西北角，是北京首个城市森林公园试点。此园内的生物多样性丰富，多样的植物群落为昆虫和鸟类提供了食物与栖息地。

为提升城市森林公园自然教育价值、生物知识科普服务与居民生物多样性保护意识，我们在2019年6月至2020年5月对广阳谷城市森林公园植物与鸟类调查的基础上，将园内植物与鸟类物种信息编录成册，以供公众认知植物与鸟类参考使用。本手册共收录植物56科143属200种，鸟类8目21科38种；每种生物收录包括中文名、拉丁学名和形态特征等信息，其中植物中文名、拉丁学名和排序主要参照《中国植物志》（全文电子版）；鸟类中文名、拉丁名和排序主要参照《中国鸟类分类与分布名录》（第三版）。

此次调查由中国农业大学风景园林系绿地景观服务与健康福祉研究组的师生及北京市园林绿化科学研究院共同完成。参加调查的师生有常青、黄越、时笑笑、林悦、石淞屹、王娅楠、苏王新、李佳依、林政因、王丽容、王宏、冯晓蕾、张杨、赵楠和张刘宽。天津师范大学莫训强副教授、中国农业大学常青副教授、时笑笑与林悦同学参加了本手册物种信息的查阅、整理与编录工作。北京蓟城山水投资管理集团有限公司在样方调研中给予了帮助。在此一并感谢。

因调查时间所限，本手册欠缺之处，敬请指正。

常青

中国农业大学风景园林系

2022 年 6 月

目 录

植物篇

苔藓植物门 BRYOPHYTA

种子植物门 SPERMATOPHYTA

◆ 裸子植物亚门 GYMNOSPERMAE

◆ 被子植物亚门 ANGIOSPERMAE

鸟类篇

鸟纲 AVES

植物篇

苔藓植物门 BRYOPHYTA

地钱科 Marchantiaceae

地钱 *Marchantia polymorpha*

地钱属 *Marchantia*

形态特征 叶状体，呈暗绿色，宽带状，边缘呈波曲状。背面具六角形，由整齐排列的气室分隔。假根平滑或带花纹。雌雄异株，雄托盘状，雌托扁平；叶状体的背面前端常生有杯状的无性芽孢杯。

分布 广泛分布于我国各地区；多生长于阴湿的土坡和岩石；多见于西南地区的路边和住宅附近。

用途 全草可入药，性味淡、性凉、生肌、拔毒和清热解毒；主治烫火伤、刀伤、骨折、毒蛇咬伤、疮痈肿毒和臁疮。

（莫训强 摄）

种子植物门 SPERMATOPHYTA

裸子植物亚门 GYMNOSPERMAE

银杏科 Ginkgoaceae

银杏 *Ginkgo biloba*

银杏属 *Ginkgo*

形态特征 落叶乔木。叶在长枝上呈螺旋状散生，在短枝上呈簇生状，叶片呈扇形。雄球花呈葇荑花序状，雌球花有长梗。种子呈核果状，为椭圆形至近球形，外种皮肉质。

分布 我国特产，仅在浙江天目山见有野生树木；广泛栽培于我国各地区；也栽培于朝鲜、日本以及欧美各国的庭园。

用途 可用作建筑、家具和室内装饰等；种子供食用及药用；也可用作庭园树及行道树。

（莫训强 摄）

松科 Pinaceae

白杄 *Picea meyeri*

云杉属 *Picea*

形态特征 常绿乔木。树皮呈灰褐色，树冠为塔形；球果在成熟前为绿色，在成熟时为褐黄色，呈矩圆状圆柱形。花期为4月，球果成熟期为9月下旬至10月上旬。

分布 为中国特有树种；分布于我国山西、河北、内蒙古等地区。

用途 可用作建筑、桥梁等材料；宜作华北地区高山上部的造林树种；也可用作庭园树。树脂入药，主治肌肉疼痛、关节疼痛。

（莫训强 摄）

青杄 *Picea wilsonii*

云杉属 *Picea*

形态特征 常绿乔木。树冠呈阔圆锥形，老年树冠呈不规则状。树皮呈淡黄灰色，浅裂或不规则鳞片状剥落。枝细长开展，为淡灰色或淡黄色，光滑。针叶较短，横断面为菱形。球果呈卵状圆柱形，初期为绿色，成熟后为褐色。花期为4月，球果成熟期为10月。

分布 广泛分布于我国内蒙古、河北、山西、陕西、甘肃、青海、四川及湖北等地区的高山；北京、青岛、济南等城市的园林绿地中也有栽培。

用途 可作为用材及绿化、观赏树种。

（莫训强 常青 摄）

雪松 *Cedrus deodara*

雪松属 *Cedrus*

形态特征 常绿乔木。树冠呈圆锥形；大枝平展，小枝略下垂。叶呈针形，为灰绿色。球果在成熟前为淡绿色，在成熟时为红褐色，呈卵圆形或宽椭圆形。花期为10—11月，果期为翌年10月。

分布 原产于喜马拉雅山地区西部及喀喇昆仑山，普遍栽培于我国长江中下游地区以及北京和大连等北方城市。

用途 可用作建筑、桥梁、造船、家具及器具等；也可用作庭园树。

（莫训强 摄）

白皮松 *Pinus bungeana*

松属 *Pinus*

形态特征 常绿乔木。有明显主干或从树干基部分成数干。树皮呈白褐相间，呈斑鳞状；针叶3针一束，叶背及腹面两侧有气孔线，先端尖，边缘有锯齿；秋果通常单生，呈卵圆形或圆锥状卵圆形。秋果在成熟前为淡绿色，在成熟时为淡黄褐色。花期为4—5月，果期为翌年1—11月。

分布 为我国特有树种；产于我国山西、河南西部、陕西秦岭、甘肃南部等地区以及海拔500 ~ 1800米的地带。

用途 可用作建筑、文具、家具等；树皮奇特，树姿优美，四季常绿，观赏价值高；常通过孤植、对植或丛植应用于植物造景与园林绿化。

（常青　摄）

油松 ***Pinus tabuliformis*** 松属 *Pinus*

形态特征 常绿乔木。干皮呈深灰褐色或灰褐色，鳞片状裂。针叶 2 针一束，较粗硬。花期为 4—5 月，果期为翌年 9—10 月。

分布 产于我国华北及西北地区；陕西、山西为其分布中心；也分布于朝鲜。

用途 松树节、松叶和松油入药，能祛风湿，散寒；花粉能止血、燥湿；可用作枕木、建筑等用材；树干可割取松脂；树皮可提栲胶。

（常青 摄）

柏科 Cupressaceae

侧柏 ***Platycladus orientalis*** 侧柏属 *Platycladus*

形态特征 常绿乔木。小枝片为竖直排列。叶呈鳞片状；球果呈卵形，果鳞木质而厚；种子无翅。花期为 3—4 月，果期为 9—10 月。

分布 原产于我国北部；现在南北各地区普遍栽培，在庭园、寺庙、风景区尤为常见；分布于朝鲜。

用途 可作建筑、器具、家具和农具等用材；种子与生鳞叶的小枝可入药。

（莫训强 摄）

圆柏 *Juniperus chinensis*

刺柏属 *Juniperus*

形态特征 常绿乔木。干皮呈条状纵裂，树冠呈圆锥形。叶二型，成年树及老树以鳞叶为主；幼树常为刺叶。果呈球形，为褐色，被白粉，翌年成熟。

分布 原产于我国北部及中部；现为各地广泛栽培；分布于朝鲜、日本。

用途 可用作房屋建筑、家具、文具及工艺品等；树根、树干及枝叶可提取柏木脑的原料及柏木油；种子可提取润滑油；为普遍栽培的庭园树种。

（莫训强 摄）

被子植物亚门 ANGIOSPERMAE

禾本科 Poaceae

芦苇 *Phragmites australis*

芦苇属 *Phragmites*

形态特征 多年生草本。叶片呈披针状线形，无毛。圆锥花序大型；颖果长约为 1.5 毫米。

分布 产于我国各地区；生长于江河湖泽、池塘沟渠沿岸和低湿地。

用途 秆可作造纸原料或为编席织帘及建棚材料；茎、叶嫩时可用作饲料；可作固堤造陆的先锋环保植物。

（莫训强 摄）

蓝羊茅 *Festuca glauca*

羊茅属 *Festuca*

形态特征 常绿草本。叶子直立平滑，叶片呈强内卷几成针状或毛发状，大多呈蓝色，具银白霜；圆锥花序。花期为 5 月。

分布 我国于 2009 年引种。

用途 为一种冷季型观赏草，适合用于花坛、花境镶边；还可用作道路两边的镶边。

（莫训强 摄）

黑麦草 *Lolium perenne*

黑麦草属 *Lolium*

形态特征 多年生草本。叶片呈线形，柔软。穗状花序，直立或稍弯，颖果。花果期为 5—7 月。

分布 被各地普遍引种栽培；生长于草甸草场，路旁湿地常见；广泛分布于欧洲、亚洲的暖温带和非洲北部。

用途 为优质的牧草，也是禾本科牧草中可消化物质产量最高的牧草之一。

（莫训强 摄）

披碱草 *Elymus dahuricus*

披碱草属 *Elymus*

形态特征 多年生草本。秆疏丛，直立，高为 70 ~ 140 厘米，基部膝曲。叶片扁平，上面粗糙，下面光滑；穗状花序，直立，较紧密；小穗为绿色，成熟后为草黄色，含小花。颖呈披针形或线状披针形，外稃呈披针形，芒粗糙，内稃与外稃等长，先端截平，脊上具纤毛，脊间被稀少短毛。

分布 产于我国内蒙古、河北、河南、山西、陕西、青海、四川、新疆、西藏等地区；分布于俄罗斯、朝鲜、日本与印度西北部、土耳其东部；多生长于山坡草地或路边。

用途 披碱草的营养枝条较多，饲用价值中等偏上；在分蘖期，各种家畜均喜采食；在抽穗期至始花期，刈割调制的青干草被家畜所喜食。

（莫训强　摄）

牛筋草 *Eleusine indica*

䅟属 *Eleusine*

形态特征 一年生草本。叶片平展，呈线形，无毛或上面被疏生柔毛。穗状花序，2 ~ 7 个指状着生于秆顶，很少单生；囊果呈卵形，具明显的波状皱纹。花果期为 6—10 月。

分布 产于我国南北各地区；分布于世界的温带和热带地区；多生长于荒芜之地及道路旁。

用途 根系极发达，秆叶强韧，全株可作饲料；可作优良的保土植物；全草煎水服，可防治乙型脑炎。

（莫训强　摄）

粉黛乱子草 *Muhlenbergia capillaris*

乱子草属 *Muhlenbergia*

形态特征 多年生草本。顶端呈拱形，为绿色叶片，纤细。顶生云雾状，粉色花序。花期为 9—11 月。

分布 原产于北美洲大草原松林贫瘠之地以及从马萨诸塞州、堪萨斯州南部到佛罗里达州和得克萨斯州的开阔林地。

用途 适合于大片种植，景色非常壮观，观赏性极佳；可用作孤植、盆栽或背景、镶边材料。

（莫训强 摄）

马唐 *Digitaria sanguinalis*

马唐属 *Digitaria*

形态特征 一年生草本。叶片呈线状披针形，边缘较厚，微粗糙。总状花序，4 ~ 12 枚成指状着生于主轴上。花果期为 6—9 月。

分布 产于我国西藏、四川、新疆、陕西、甘肃、山西、河北、河南及安徽等地区；广泛分布于世界的温带和亚热带山地；生长于路旁、田野。

用途 为一种优良牧草；在结实之前可压制成绿肥；可用作固土、绿化等地被植物。

（莫训强 摄）

无芒稗 *Echinochloa crus-galli var. mitis*

稗属 *Echinochloa*

形态特征 一年生草本植物。叶片扁平，呈线形，无毛，边缘粗糙。圆锥花序，直立，分枝斜上举而开展，常再分枝。花果期为夏秋季。

分布 产于我国东北、华北、西北、华东、西南及华南等地区；分布于世界的温暖地区；多生长于水边或路边草地。

用途 为优等牧草。

（莫训强　摄）

狗尾草 *Setaria viridis*

狗尾草属 *Setaria*

形态特征 一年生草本。叶片扁平，呈长三角状狭披针形或线状披针形。圆锥花序，紧密呈圆柱状或基部稍疏离。颖果呈灰白色。花果期为5—10月。

分布 产于我国各地区；原产于欧亚大陆的温带和暖温带地区；广泛分布于全世界的温带和亚热带地区；生长于海拔为4 000米以下的荒野、道旁。

用途 为旱地作物常见的一种杂草；秆、叶可作饲料；全草在加水煮沸20分钟后，其滤出液可喷杀菜虫；小穗可提炼糠醛。

（莫训强　摄）

狼尾草 *Pennisetum alopecuroides*

狼尾草属 *Pennisetum*

形态特征 多年生草本。须根较粗壮。叶片呈线形，先端长渐尖。圆锥花序，直立。花果期为夏秋季。

分布 分布于东北、华北经华东、中南及西南各地区；也分布于日本、印度、朝鲜、缅甸、巴基斯坦、越南、菲律宾、马来西亚以及大洋洲和非洲。

用途 既可用作饲料，编织或造纸的原料，又可用作土法打油的油杷子，还可用作固堤、防沙植物。

栽培变种 小兔子狼尾草（***Pennisetum alopecuroides* 'Little Bunny'**）

（莫训强　摄）

斑叶芒 *Miscanthus sinensis* 'Zebrinus'

芒属 *Miscanthus*

形态特征 多年生草本。耐半阴、耐旱、耐涝和耐贫瘠。叶片有黄色不规则斑纹，下面疏生柔毛并被白粉。圆锥花序呈扇形，小穗成对着生，花呈黄色，花絮呈紫红色。花果期为5—11月。

（常青　摄）

分布 产于我国华北、华中、华南、华东及东北地区；生长于温暖、湿润和光照充足的地方。

用途 可用作园林绿化、生物质能源植物、切叶材料。

白茅 *Imperata cylindrica*

白茅属 *Imperata*

形态特征 多年生草本。具粗壮的长根状茎；叶片呈窄线形，通常内卷，顶端渐尖，呈刺状。圆锥花序，稠密。花果期为4—6月。

分布 产于我国辽宁、河北、山西、山东、陕西、新疆等北方地区；分布于非洲北部、土耳其、伊拉克、伊朗、中亚及地中海区域；生长于低山带平原河岸草地、沙质草甸、荒漠与海滨。

用途 根茎可入药。

（莫训强 摄）

莎草科 Cyperaceae

香附子 *Cyperus rotundus*

莎草属 *Cyperus*

形态特征 多年生草本。匍匐根状茎和椭圆状块茎。叶基生；长侧枝聚伞花序，简单或复出。

分布 产于我国陕西、甘肃、山西、河南、河北、山东、江苏、浙江、江西、安徽、云南、贵州、四川、福建、广西、台湾等地区；广泛分布于世界各地。

用途 可供药用；既能用作健胃药，又可用于治疗妇科各病症。

（莫训强 摄）

天门冬科 Asparagaceae

玉簪 *Hosta plantaginea*

玉簪属 *Hosta*

形态特征 多年生宿根植物。根状茎粗厚，粗为1.5～3厘米。叶呈卵状心形、卵形或卵圆形，先端近渐尖，基部为心形。花莛高为40～80厘米，具几朵至十几朵花；花单生或2～3朵簇生，白色，芳香；花梗长约为1厘米。花果期为8—10月。

分布 产于我国四川（峨眉山至川东）、湖北、湖南、江苏、安徽、浙江、福建和广东；各地常见栽培于公园，可供观赏。

用途 全草可供药用。花可清咽、利尿、通经；也可供蔬食或作甜菜，须去掉雄蕊；根、叶有小毒，外用可治乳腺炎、中耳炎、疮痈肿毒、溃疡等病症。

（莫训强　陈小奎　摄）

波叶玉簪 *Hosta undulata*

玉簪属 *Hosta*

形态特征 多年生宿根植物，株高为20～40厘米。顶生总状花序，花莛出叶，着花5～9朵，花冠为6厘米，呈暗紫色。业基生成丛，叶片呈长卵形，叶缘为微波状，呈浓绿色。叶面中部有乳黄色和白色纵纹及斑块。花期为7月下旬至8月中旬。

分布 原产于我国长江流域；栽培于除西北地区以外的我国其他各地区；分布于日本。

用途 种植于林下可作观花地被；布置在建筑物北面和阳光不足的园林绿地；开花时，清香四溢，可盆栽点缀室内；叶和花是切花常用材料。

（潘祺　摄）

沿阶草 *Ophiopogon bodinieri*

沿阶草属 *Ophiopogon*

形态特征 根纤细；叶基生成丛，呈禾叶状，边缘具细锯齿。花葶较叶稍短或几等长，总状花序。花期为6—8月，果期为8—10月。

分布 产于我国云南、贵州、四川、湖北、河南、陕西、甘肃、西藏和台湾；生长于海拔600～3 400米的山坡以及山谷潮湿处、沟边、灌木丛或林下。

用途 全株可入药；既可成片栽于风景区的阴湿空地和水边湖畔作地被植物，又可用作盆栽观叶植物。

（莫训强 摄）

麦冬 *Ophiopogon japonicus*

沿阶草属 *Ophiopogon*

形态特征 根较粗；叶基生成丛，呈禾叶状。花葶通常比叶短得多；总状花序，具几朵至十几朵花；种子球形。花期为5—8月，果期为8—9月。

分布 产于我国广东、广西、福建、台湾、浙江、江苏、江西、湖南、湖北、四川、云南、贵州、安徽、河南、陕西和河北；分布于日本、越南、印度；生长于海拔2 000米以下的山坡阴湿处、林下或溪旁。

用途 小块根是中药麦冬，有生津解渴、润肺止咳之功效。

（莫训强 摄）

阿福花科 Asphodelaceae

萱草 ***Hemerocallis fulva***　　萱草属 *Hemerocallis*

形态特征　多年生草本。叶呈条形；花莛粗壮；圆锥花序，具6 ~ 12朵花或更多，苞片呈卵状披针形，花为橘红或橘黄色，无香味，花早上开，晚上凋谢。蒴果呈长圆形。花果期为5—7月。

分布　原产于中国、日本以及东南亚；分布于欧洲南部经亚洲北部至日本；全国各地常见栽培，秦岭以南的各省区有野生的品种。

用途　花色鲜艳，栽培容易，春季萌发早，绿叶成丛极为美观；园林中多丛植或于花境、路旁栽植；萱草类既耐半阴，又可作疏林地被植物。

（莫训强　摄）

鸢尾科 Iridaceae

射干 ***Belamcanda chinensis***　　射干属 *Belamcanda*

形态特征　多年生草本。叶互生，嵌叠状排列，呈剑形。花序顶生，叉状分枝；花为橙红色，散生紫褐色的斑点；蒴果呈倒卵形或长椭圆形；种子呈圆球形，为黑紫色，有光泽。花期为6—8月；果期为7—9月。

分布　产于我国吉林、辽宁、河北、山西、山东、河南、安徽、江苏、浙江、福建、台湾、湖北、湖南、江西、广东、广西、陕西、甘肃、四川、贵州、云南和西藏；也产于朝鲜、日本、印度、越南、俄罗斯；生长于林缘或山坡草地；大部分生长于海拔较低的地方。

用途　根状茎可作药用，味苦、性寒、微毒；清热解毒、散结消炎、消肿止痛、止咳化痰，用于治疗扁桃腺炎及腰痛等病症。

（莫训强　摄）

马蔺 *Iris lactea*

鸢尾属 *Iris*

形态特征 多年生草本。叶基生，坚韧，呈条形或狭剑形。花为浅蓝色、蓝色或蓝紫色。蒴果呈长椭圆状柱形；种子为不规则的多面体，呈棕褐色。花期为5—6月，果期为6—9月。

分布 产于我国黑龙江、吉林、辽宁、内蒙古、河北、山西、山东、河南、安徽、江苏、浙江、湖北、湖南、陕西、甘肃、宁夏、青海、新疆、四川、西藏；也产于朝鲜、俄罗斯及印度；生长于荒地、路旁、山坡草地，尤以过度放牧的盐碱化草场上生长较多。

用途 习性耐盐碱、耐践踏，根系发达，可用于水土保持和改良盐碱土；叶在冬季既可作牛、羊、骆驼的饲料，又可用于造纸及编织；根的木质部坚韧而细长，可制刷子。

（莫训强　摄）

鸢尾 *Iris tectorum*

鸢尾属 *Iris*

形态特征 多年生草本。叶基生，呈黄绿色，宽剑形。花为蓝紫色；蒴果呈长椭圆形或倒卵形；种子为黑褐色，呈梨形。花期为4—5月，果期为6—8月。

分布 产于我国山西、安徽、江苏、浙江、福建、湖北、湖南、江西、广西、陕西、甘肃、四川、贵州、云南、西藏；生长于向阳坡地、林缘及水边湿地。

用途 根状茎可用于治疗关节炎、跌打损伤、积食、肝炎等病症；对氟化物敏感，可用于环境污染物的检测。

（莫训强　摄）

杨柳科 Salicaceae

毛白杨 *Populus tomentosa*

杨属 *Populus*

形态特征 落叶乔木。树皮在成熟前呈灰白色，在成熟后呈深灰色，纵裂；长枝的叶革质，呈三角卵形，下面密生灰色毡毛；老树的叶有波状齿；短枝的叶较小。

分布 分布于辽宁、河北、山东、山西、陕西、甘肃、河南、安徽、江苏、浙江等地区；以黄河流域中下游为其分布中心；喜生长于海拔 1 500 米以下的温和平原地区。

用途 可作建筑、家具、箱板及火柴杆、造纸等用材；也可作人造纤维材原料；既是优良的庭园绿化或行道树，又是华北地区造林树种的速生用材。

（莫训强　摄）

旱柳 *Salix matsudana*

柳属 *Salix*

形态特征 落叶乔木。树冠呈广圆形；树皮为暗灰黑色，有裂沟；细枝直立或斜展，呈浅褐黄色或带绿色，后变为褐色。叶披针形。花序与叶同时开放。花期为 4 月，果期为 4—5 月。

分布 产于我国东北、华北平原、西北黄土高原，西至甘肃、青海，南至淮河流域以及浙江；分布于朝鲜、日本以及俄罗斯远东地区。

用途 可用作建筑器具、造纸、人造棉、火药等用材；细枝可编筐；既为早春蜜源树，又为固沙保土、四旁绿化树种；叶可用作冬季羊饲料。

（常青　摄）

胡桃科 Juglandaceae

胡桃 *Juglans regia*

胡桃属 *Juglans*

形态特征 乔木。树冠广阔；树皮在幼时为灰绿色，在成熟时为灰白色而纵向浅裂；奇数羽状复叶；小叶通常 5 ~ 9 枚，呈椭圆状卵形至长椭圆形；雄性葇荑花序下垂，雌性穗状花序。花期为 5 月，果期为 10 月。

分布 产于我国华北、西北、西南、华中、华南和华东；分布于中亚、西亚、南亚和欧洲；常见栽培于我国平原及丘陵地区。

用途 种仁含油量高；既可生食，又可榨食用油；木材坚实，可作硬木材料。

（莫训强　摄）

壳斗科 Fagaceae

蒙古栎 *Quercus mongolica*

栎属 *Quercus*

形态特征 落叶乔木。树皮呈灰褐色，纵裂；叶片呈倒卵形至长倒卵形；坚果呈卵形至长卵形，无毛。花期为 4—5 月，果期为 9 月。

分布 产于我国黑龙江、吉林、辽宁、内蒙古、河北、山东等地区；分布于俄罗斯、朝鲜、日本。

用途 可用作车船、建筑、坑木等；叶可饲柞蚕；树皮可入药，有收敛止泻和治痢疾之功效。

（莫训强　常青　摄）

榆科 Ulmaceae

榆树 *Ulmus pumila*

榆属 *Ulmus*

形态特征 落叶乔木。幼树树皮平滑，呈灰褐色或浅灰色；大树树皮呈暗灰色，不规则深纵裂。花先叶开放。翅果为近圆形。花果期为 3—6 月。

分布 分布于我国东北、华北、西北及西南地区；栽培于长江下游各地区；也分布于朝鲜、俄罗斯、蒙古国。

用途 可用作家具、车辆、农具等用材；树皮、叶及翅果均可作药用；也可用作西北荒漠、丘陵及东北荒山、沙地及滨海盐碱地等造林与绿化树种。

（莫训强　摄）

桑科 Moraceae

桑 *Morus alba*

桑属 *Morus*

形态特征 乔木或灌木。树皮具不规则浅纵裂；叶呈卵形或广卵形；花单性；聚花果呈卵状椭圆形，成熟时，呈红色或暗紫色。花期为 4—5 月，果期为 5—8 月。

分布 原产于我国中部和北部；朝鲜、日本、蒙古国、印度、越南、俄罗斯以及中亚各国和欧洲其他国家也均有栽培。

用途 树皮可用作纺织原料、造纸原料；根皮、果实及枝条可入药；叶可作养蚕的主要饲料，也作药用；木材坚硬，可制作家具、乐器、雕刻等。

（莫训强　摄）

大麻科 Cannabaceae

葎草 *Humulus scandens*

葎草属 *Humulus*

形态特征 缠绕草本，茎、枝、叶柄均具倒钩刺。叶纸质，呈肾状五角形，表面粗糙；雄花小，呈黄绿色，圆锥花序；雌花序为球果状；瘦果。花期在春夏，果期在秋季。

分布 分布于除新疆、青海以外的我国其他各地区；也分布于日本、越南；常生长于沟边、荒地、废墟和林缘边。

用途 本草可作药用；茎皮纤维可作造纸原料；种子油可制肥皂；果穗可用作代啤酒花。

（莫训强　摄）

蓼科 Polygonaceae

红蓼 *Persicaria orientalis*

蓼属 *Persicaria*

形态特征 一年生草本，叶呈宽卵形、宽椭圆形或卵状披针形；总状花序呈穗状，顶生或腋生；瘦果为近圆形，呈黑褐色。花期为6—9月，果期为8—10月。

分布 广泛分布于除我国西藏以外的其他各地区；野生或栽培；也分布于朝鲜、日本、菲律宾、印度、欧洲和大洋洲；生长于海拔30～2 700米的沟边湿地、村边路旁。

用途 果实可入药，名为“水红花子”，有活血、止痛、消积、利尿之功效。

（莫训强　摄）

水蓼 ***Persicaria hydropier*** 蓼属 *Persicaria*

形态特征 一年生草本。叶呈披针形或椭圆状披针形；总状花序，呈穗状，顶生或腋生；瘦果为卵形，密被小点，呈黑褐色。花期为5–9月，果期为6–10月。

分布 分布于我国南北各地区；也分布于朝鲜、日本、印度尼西亚、印度以及欧洲、北美洲等；生长于海拔50 ~ 3 500米的河滩、水沟边、山谷湿地地区。

用途 全草可入药，有消肿解毒、利尿、止痢之功效；古代为常用调味剂。

（莫训强 摄）

苋科 Amaranthaceae

藜 ***Chenopodium album*** 藜属 *Chenopodium*

形态特征 一年生草本。枝条斜升或开展。叶片呈菱状卵形至宽披针形，边缘具不整齐锯齿。花两性，花序为穗状圆锥状或圆锥状。果皮与种子贴生。种子横生，呈黑色，有光泽。花果期为5—10月。

分布 广泛分布于全球的温带及热带地区；生长于路旁、荒地及田间。

用途 幼苗可作蔬菜用；茎叶可喂家畜；全草可入药，既能止痒，又可治痢疾、腹泻；配合野菊花煎汤外洗可治皮肤湿毒及周身发痒。

（常青 摄）

地肤 *Bassia scoparia*

沙冰藜属 *Bassia*

形态特征 一年生草本。叶为平面叶，呈披针形或条状披针形；花两性或雌性，花序为疏穗状圆锥状；种子为卵形，呈黑褐色。花期为6—9月，果期为7—10月。

分布 产于我国各地区；分布于欧洲及亚洲其他各地区；生长于田边、路旁、荒地等地方。

用途 幼苗可作蔬菜；果实被称作"地肤子"，为常用中药，能清湿热、利尿，治尿痛、尿急、小便不利及荨麻疹，外用可治皮肤癣及阴囊湿疹。

（莫训强　摄）

猪毛菜 *Kali collium*

猪毛菜属 *Kali*

形态特征 一年生草本。叶片呈丝状圆柱形，伸展或微弯曲；花序为穗状，生枝条上部；种子横生或斜生。花期为7—9月，果期为9—10月。

分布 产于我国东北、华北、西北、西南及西藏、河南、山东、江苏等地区；分布于朝鲜、蒙古国、俄罗斯、巴基斯坦；生长于村边，路边及荒芜场所。

用途 全草可入药，有降低血压之功效；嫩茎、叶可供食用。

（莫训强　摄）

苋 *Amaranthus tricolor*

苋属 *Amaranthus*

形态特征 一年生草本。叶片呈卵形、菱状卵形或披针形；花簇腋生或同时，具有顶生花簇，成下垂的穗状花序；花簇为球形；种子为近似圆形或倒卵形。花期为5—8月，果期为7—9月。

分布 全国各地均有栽培，有时为半野生；原产于印度；分布于亚洲南部、中亚以及日本等地区。

用途 茎叶可作蔬菜；叶杂可作观赏；根、果实及全草可入药，有明目、利大小便、去寒热之功效。

（莫训强　摄）

马齿苋科 Portulacaceae

马齿苋 *Portulaca oleracea*

马齿苋属 *Portulaca*

形态特征 一年生草本。全株无毛。叶互生，有时近对生，叶片扁平，肥厚，呈倒卵形，似马齿状；花无梗，常3～5朵簇生枝端，午时盛开；蒴果呈卵球形；花期为5—8月，果期为6—9月。

分布 产于我国南北各地区；广泛分布于全球温带和热带地区；生长于菜园、农田、路旁，为田间常见杂草。

用途 全草可作药用；种子可明目；可作兽药和农药；嫩茎叶既可作蔬菜，味酸，又可作饲料。

（莫训强　摄）

石竹科 Caryophyllaceae

繁缕 *Stellaria media*

繁缕属 *Stellaria*

形态特征 一年生或二年生草本。叶片呈宽卵形或卵形，全缘；疏聚伞花序，顶生；花瓣为白色，呈长椭圆形；蒴果为卵形，顶端6裂。花期为6—7月，果期为7—8月。

分布 为常见田间杂草；广泛分布于世界各地（我国仅新疆、黑龙江未见记录）。

用途 茎、叶及种子供药用；嫩苗可食。

（莫训强 摄）

须苞石竹 *Dianthus barbatus*

石竹属 *Dianthus*

形态特征 多年生草本。全株无毛，叶片呈披针形；花多数，集生成头状；花瓣具长爪，呈红紫色，有白点斑纹；蒴果呈卵状长圆形；种子为褐色，扁卵形，平滑。花果期为5—10月。

分布 原产于欧洲；我国各地均有栽培，以供观赏。

用途 可用于园林中的花坛、花境、花台或盆栽；也可用于岩石园和草坪边缘点缀；当大面积成片栽植时，可用作景观地被材料；切花也可供观赏。

（武晶 摄）

石竹 *Dianthus chinensis*

石竹属 *Dianthus*

形态特征 多年生草本。全株无毛，带粉绿色。叶片呈线状披针形；花单生枝端或数花集成聚伞花序；蒴果呈圆筒形，顶端 4 裂；种子为黑色，呈扁圆形。花期为 5—6 月，果期为 7—9 月。

（莫训强 摄）

分布 原产于我国北方地区，现在广泛分布于我国南北方各地区；也分布于俄罗斯西伯利亚以及朝鲜；生长于草原和山坡草地。

用途 现已广泛栽培，育出许多品种，是很好的观赏花卉；根和全草入药，清热利尿。

长蕊石头花 *Gypsophila oldhamiana*

石头花属 *Gypsophila*

形态特征 多年生草本。叶片近革质，稍厚，呈长圆形；伞房状聚伞花序较密集，顶生或腋生，无毛；花瓣为粉红色；蒴果呈卵球形，顶端 4 裂；种子呈近肾形，为灰褐色。花期为 6—9 月，果期为 8—10 月。

分布 产于我国辽宁、河北、山西、陕西、山东、江苏、河南和广西；分布于朝鲜；生长于海拔 2 000 米以下的山坡草地、灌丛、沙滩乱石间或海滨沙地。

用途 根可供药用，有清热凉血、消肿止痛、化腐生肌长骨之功效。根的水浸剂可防治蚜虫、红蜘蛛、地老虎等，还可洗涤毛、丝织品。全草可做猪饲料；也可用于观赏。

（莫训强 摄）

毛茛科 Ranunculaceae

升麻 *Actaea cimicifuga*

类叶升麻属 *Actaea*

形态特征 多年生草本。叶为二至三回三出状羽状复叶；花序具分枝 3 ~ 20 条；蓇葖果呈长圆形；种子为椭圆形，呈褐色，有横向的膜质鳞翅。花期为 7—9 月，果期为 8—10 月。

分布 分布于我国西藏、云南、四川、青海、甘肃、陕西、河南西部和山西；也分布于蒙古国以及俄罗斯西伯利亚地区；生长于海拔 1 700 ~ 2 300 米的山地林缘、林中或路旁草丛。

用途 根状茎可治风热头痛、咽喉肿痛、斑疹不易透发等病症；可用作土农药。

（莫训强　摄）

黑种草 *Nigella damascena*

黑种草属 *Nigella*

形态特征 一年生草本。植株全部无毛。叶为二至三回羽状复叶，末回裂片为狭线形或丝形，顶端锐尖。蒴果呈椭圆球形。

分布 原产于欧洲南部；在我国一些城市有栽培，可供观赏。

用途 种子含生物碱和芳香油；本种可用作蜜源植物。

（李佳侬　摄）

毛茛 *Ranunculus japonicus*

毛茛属 *Ranunculus*

形态特征 多年生草本。须根多数簇生；叶片为圆心形或五角形，通常 3 深裂不达基部；聚伞花序有多数花，疏散；聚合果近球形；瘦果扁平。花果期为 4—9 月。

分布 广泛分布于除西藏以外的我国其他各地区；也分布于朝鲜、日本以及俄罗斯远东地区。

用途 全草含原白头翁素，有毒；为发泡剂和杀菌剂；捣碎外敷，可截疟、消肿及治疮癣。

（莫训强　李佳侬　摄）

木兰科 Magnoliaceae

鹅掌楸 *Liriodendron chinense*

鹅掌楸属 *Liriodendron*

形态特征 落叶大乔木。小枝呈灰色或灰褐色；叶片为马褂状；花单生于枝顶，杯状；雄蕊和心皮多数，覆瓦状排列。聚合果呈纺锤形。

分布 分布于我国长江以南各地区；也分布于越南北部；生长于常绿或落叶阔叶林。

用途 叶形奇特，是庭园常见树种；树皮可入药，具有祛水湿、风寒之功效。

（莫训强　摄）

罂粟科 Papaveraceae

虞美人 *Papaver rhoeas*

罂粟属 *Papaver*

形态特征 一年生草本。全体被伸展的刚毛，稀无毛。叶互生，叶片轮廓呈披针形或狭卵形，羽状分裂；花单生于茎和分枝顶端；蒴果呈宽倒卵形，无毛。种子多数，肾状长圆形。花果期为3—8月。

分布 原产于欧洲；常见栽培于我国各地区。

用途 种子含油在40%以上；花和全株可入药，含多种生物碱，有镇咳、止泻、镇痛、镇静等功效。

（莫训强 摄）

花菱草 *Eschscholzia californica*

花菱草属 *Eschscholzia*

形态特征 多年生草本。基生叶有柄，多回三出羽状细裂；茎生叶似基生叶，但较短。花单生于茎或分枝顶端；花瓣4，呈橘黄色或黄色，为扇形。

分布 原产于北美西部；在我国庭园有栽培。

用途 茎叶嫩绿带灰色，花色鲜艳夺目，是良好的花带、花径和盆栽材料；也可用于草坪丛植。

（李佳侬 摄）

紫堇属 *Corydalis*

紫堇 *Corydalis edulis*

形态特征 一年生草本。花枝花莛状，常与叶对生。基生叶具长柄，叶片呈近三角形，上面为绿色，下面为苍白色；总状花序，疏具3 ~ 10花。蒴果呈线形，下垂。种子密生环状小凹点。

分布 产于我国辽宁、北京、河北、山西、河南、陕西、甘肃、四川、云南、贵州、湖北、江西、安徽、江苏、浙江和福建；分布于日本；生长于海拔400 ~ 1 200米的丘陵、沟边或多石地。

用途 全草可作药用，能清热解毒，具有止痒、收敛、固精、润肺和止咳之功效。

（莫训强　李佳侬　摄）

十字花科 Brassicaceae

诸葛菜属 *Orychophragmus*

诸葛菜 *Orychophragmus violaceus*

形态特征 一年或二年生草本。基生叶及下部茎生叶大头羽状全裂；花为紫色、浅红色或褪成白色；花瓣为宽倒卵形，密生细脉纹；长角果呈线形；种子为卵形至长圆形，呈黑棕色，有纵条纹。花期为4—5月，果期为5—6月。

分布 产于我国辽宁、河北、山西、山东、河南、安徽、江苏、浙江、湖北、江西、陕西、甘肃和四川；分布于朝鲜；生长于平原、山地、路旁或地边。

用途 嫩茎叶先用开水泡，再放入冷开水中浸泡，直至无苦味，即可炒食；种子可榨油。

（莫训强　摄）

独行菜 *Lepidium apetalum*

独行菜属 *Lepidium*

形态特征 一年或二年生草本。基生叶呈窄匙形；茎上部呈叶线形。总状花序；花瓣不存或退化成丝状；短角果近圆形或宽椭圆形，扁平，上部有短翅。种子为椭圆形，平滑，呈棕红色。花果期为5—7月。

分布 为常见田间杂草；产于我国东北、华北、江苏、浙江、安徽、西北和西南以及华东地区的江苏、浙江和安徽；分布于俄罗斯、欧洲其他部分国家以及亚洲东部、亚洲中部等地区；生长于海拔400 ~ 2 000米的山坡、山沟、路旁及村庄附近。

用途 嫩叶可作野菜食用；全草及种子可供药用，有利尿、止咳、化痰之功效；种子可榨油。

（莫训强　摄）

荠 *Capsella bursa-pastoris*

荠属 *Capsella*

形态特征 一年生或二年生草本植物。茎直立，基生叶丛生呈莲座状，茎生叶呈窄披针形或披针形，总状花序，顶生及腋生，萼片长呈圆形，花瓣为白色，花果期为4—6月。

分布 广泛分布于我国各地区以及世界其他温带地区；野生，偶有栽培；生长于山坡、田边及路旁。

用途 全草可入药，有利尿、止血、清热、明目、消积之功效；茎叶可作蔬菜食用；种子含油量为20% ~ 30%，属干性油，可用作制油漆及肥皂。

（莫训强　摄）

碎米荠 *Cardamine occulta*

碎米荠属 *Cardamine*

形态特征 一年生小草本。茎直立或斜升，下部有时为淡紫色。基生叶具叶柄，顶生小叶呈肾形或肾圆形。总状花序，生于枝顶，花小，花瓣为白色，呈倒卵形。长角果呈线形，种子呈椭圆形。花期为2—4月，果期为4—6月。

分布 广泛分布于我国各省区以及全球温带地区；多生长于海拔1 000米以下的山坡、路旁、荒地及耕地的草丛。

用途 全草可作野菜食用；也可供药用，能清热去湿。

（莫训强 摄）

小花糖芥 *Erysimum cheiranthoides*

糖芥属 *Erysimum*

形态特征 一年生草本。茎直立，有棱角，具2叉毛。基生叶呈莲座状，茎生叶呈披针形或线形。总状花序，顶生，花瓣为浅黄色，呈长圆形，下部具爪。长角果呈圆柱形，种子呈卵形，为淡褐色。花期为5月，果期为6月。

分布 产于我国吉林、辽宁、内蒙古和河北等多个地区；分布于蒙古国、朝鲜、美国以及欧洲和非洲；生于长于海拔500 ~ 2 000米的山坡、山谷、路旁及村旁荒地。

用途 全草及种子可入药；春秋采挖鲜嫩全草可作野菜食用。

（莫训强 摄）

播娘蒿 *Descurainia sophia*

播娘蒿属 *Descurainia*

形态特征 一年生草本。茎直立，分枝多，常于下部呈淡紫色。叶为3回羽状深裂。花序伞房状，瓣为黄色，呈长圆状倒卵形。长角果为圆筒状，种子呈长圆形，呈淡红褐色，表面有细网纹。花期为4—5月。

分布 产于除华南地区以外的我国其他各地区；分布于亚洲、欧洲、非洲及北美洲；生长于山坡、田野及农田。

用途 种子含油量为40%，油既可用于工业，又可食用；种子也可作药用，有利尿消肿、祛痰定喘之功效。

（莫训强　摄）

景天科 Crassulaceae

八宝 *Hylotelephium erythrostictum*

八宝属 *Hylotelephium*

形态特征 多年生草本。茎直立。叶对生，稀互生或3叶轮生，呈长圆形或卵形长圆形。伞房状花序，顶生；花密生；花瓣为白或粉红色；花药为紫色。花期为8—10月。

分布 产于我国云南、贵州、四川、湖北、安徽、浙江、江苏、陕西、河南、山东、山西、河北、辽宁、吉林和黑龙江；分布于朝鲜、日本、俄罗斯；生长于山坡草地或沟边。

用途 可用作布置花坛、地被植物；也可用于布置花境和点缀草坪、岩石园。

（莫训强　摄）

费菜 ***Phedimus aizoon***　　费菜属 *Phedimus*

形态特征　多年生草本。根状茎短，直立，无毛，不分枝。叶互生，呈狭披针形、椭圆状披针形至卵状倒披针形；叶坚实，近革质。聚伞花序，多花，花瓣 5，呈黄色。蓇葖果呈星芒状排列，种子为椭圆形。花期为 6—7 月，果期为 8—9 月。

分布　产于我国甘肃、陕西、山东和河北等多个地区；分布于俄罗斯乌拉尔联邦管区以及蒙古国、日本和朝鲜。

用途　根或全草可作药用，有止血散瘀、安神镇痛之功效。

（莫训强　摄）

虎耳草科 Saxifragaceae

落新妇 ***Astilbe chinensis***　　落新妇属 *Astilbe*

形态特征　多年生草本。根状茎呈暗褐色，粗壮。茎无毛。基生叶为二至三回三出羽状复叶；顶生小叶片呈菱状椭圆形。圆锥花序，花密集，花瓣 5，呈淡紫色至紫红色，线形。蒴果、种子呈褐色。花果期为 6—9 月。

分布　产于我国黑龙江、吉林、辽宁和河北等多个地区；分布于俄罗斯、朝鲜和日本；生长于海拔 390 ~ 3 600 米的山谷、溪边、林下、林缘和草甸等地方。

用途　可提制栲胶；根状茎可入药，辛、苦、温；具散瘀止痛，祛风除湿，清热止咳之功效。

（莫训强　摄）

肾形草 *Heuchera micrantha*

矾根属 *Heuchera*

形态特征　叶子浅裂，通常被腺毛覆盖，呈绿色到红绿色或紫绿色。直立的花序高至 1 米，带有许多簇，为粉红色，花为白色或绿色。每朵圆形的花都有肉质，多毛的裂片。

分布　原产于北美洲西部，从不列颠哥伦比亚省到加利福尼亚州；生长于岩石斜坡和悬崖。

用途　多用于园林中的林下花境、花坛、花带、地被和庭院绿化等。

（莫训强　摄）

绣球花科 Hydrangeaceae

小花溲疏 *Deutzia parviflora*

溲疏属 *Deutzia*

形态特征　二年生。枝呈灰褐色，剥裂；小枝呈红褐色，疏生星状毛；叶对生；叶片呈卵形至卵状披针形。圆锥花序，花瓣 5，呈长圆形，白色。蒴果为球形。花果期为 5—6 月。

分布　原产于长江流域的各省区；北京市海淀区香山卧佛寺前见有栽培。

用途　用作观赏植物。

（莫训强　摄）

太平花 *Philadelphus pekinensis*

山梅花属 *Philadelphus*

形态特征 灌木，分枝较多，表皮呈栗褐色。叶呈卵形或阔椭圆形，边缘具锯齿，稀近全缘。总状花序，有花 5 ~ 7（~ 9）朵；花瓣为白色，呈倒卵形。蒴果呈近球形或倒圆锥形。花期为 5—7 月，果期为 8—10 月。

分布 产于我国内蒙古、辽宁、河北、河南、山西、陕西、湖北；分布于朝鲜；生长于海拔 700 ~ 900 米的山坡杂木林或灌丛；欧美一些植物园有栽培。

用途 其花芳香、美丽、多朵聚集，花期较久，为优良的观赏花木；宜丛植于林缘、园路拐角和建筑物前；可作自然式花篱或大型花坛中心的栽植材料。

（莫训强 摄）

山梅花 *Philadelphus incanus*

山梅花属 *Philadelphus*

形态特征 灌木，二年生小枝灰褐色，表皮呈片状脱落。叶为卵形或阔卵形。总状花序有花 5 ~ 7（~ 11）朵，花瓣为白色，呈卵形或近圆形。蒴果呈倒卵形。花期为 5—6 月，果期为 7—8 月。

分布 产于我国山西、陕西、甘肃、河南、湖北、安徽和四川；生长于海拔 1 200 ~ 1 700 米的林缘灌丛；一些欧美各国的植物园引种栽培；模式标本采自湖北宜昌。

用途 本种花多，花期较长；常用作庭园观赏植物。

（莫训强 摄）

茶藨子科 Gross ulariaceae

香茶藨子 *Ribes odoratum*

茶藨子属 *Ribes*

形态特征 落叶灌木。小枝呈圆柱形，为灰褐色，皮稍呈条状纵裂或不剥裂。叶呈圆状肾形至倒卵圆形。总状花序长为2～5厘米，常下垂，具花5～10朵；花萼为黄色，花瓣为浅红色，无毛。果实呈球形或宽椭圆形，无毛。花期为5月，果期为7—8月。

分布 原产于北美洲；生长于山地河流沿岸；我国辽宁（沈阳、大连、熊岳）和黑龙江（哈尔滨）等地区的公园及植物园中均有栽植。

用途 花为黄色，芳香；常用作北方寒冷地区的观赏灌木。

（莫训强　摄）

蔷薇科 Rosaceae

绣线菊 *Spiraea salicifolia*

绣线菊属 *Spiraea*

形态特征 直立灌木，枝条密集，小枝稍有棱角，呈黄褐色。叶片呈长圆披针形至披针形。花序为长圆形或金字塔形的圆锥花序；花瓣呈卵形，为粉红色。蓇葖果直立。花期为6—8月，果期为8—9月。

分布 产于我国黑龙江、吉林、辽宁、内蒙古和河北；生长于海拔200～900米的河流沿岸、湿草原、空旷地和山沟。

用途 夏季盛开粉红色的鲜艳花朵；既可栽培以供观赏，又可用作蜜源植物。

（莫训强　摄）

三裂绣线菊 *Spiraea trilobata*

绣线菊属 *Spiraea*

形态特征 灌木。小枝细瘦，开展。叶片呈近圆形，常 3 裂。伞形花序具总梗，无毛，有花 15 ~ 30 朵；花瓣呈宽倒卵形。蓇葖果开张。花期为 5—6 月，果期为 7—8 月。

分布 产于我国黑龙江、辽宁、内蒙古、山东、山西、河北、河南、安徽、陕西和甘肃；分布于俄罗斯西伯利亚；生长于海拔 450 ~ 2 400 米的多岩石向阳坡地或灌木丛。

用途 既可用作庭园栽培，以供观赏，又可用作鞣料植物；根茎含单宁。

（莫训强　常青　摄）

风箱果 *Physocarpus amurensis*

风箱果属 *Physocarpus*

形态特征 灌木。小枝呈圆柱形，幼时为紫红色，成熟时为灰褐色，树皮呈纵向剥裂。叶片为三角卵形至宽卵形。花序伞形总状，花瓣呈倒卵形，为白色；花药为紫色。蓇葖果膨大，呈卵形，内含光亮黄色种子。花期为 6 月，果期为 7—8 月。

分布 产于我国黑龙江（帽儿山）、河北（雾灵山、承德）；分布于朝鲜北部及俄罗斯远东地区；生长于山沟；常丛生于阔叶林边。

用途 风箱果树形开展，花色素雅、花序密集，果实在初秋时呈红色，具有较高的观赏价值；可植于亭台周围、丛林边缘及假山旁边。

（莫训强　常青　摄）

无毛风箱果 *Physocarpus opulifolius*

风箱果属 *Physocarpus*

形态特征 落叶灌木。叶阔呈披针形，互生，边缘有重锯齿，下部叶 3 浅裂，上部叶不分。伞房花序，花为白色，花蕾呈稍粉红色，花瓣呈倒卵形。蓇葖果无毛。幼果先端为淡红色。花期为 7 月，果熟期为 8 月。

分布 原产于北美洲；黑龙江省森林植物园、辽宁熊岳标本园、沈阳园林研究所标本园等有栽培。

用途 可作观赏绿化用灌木。

变种 紫叶风箱果（***Physocarpus opulifolius* 'Diabolo'**）、金叶风箱果（***Physocarpus opulifolius*** var. ***luteus***）。

（常青 摄）

平枝栒子 *Cotoneaster horizontalis*

栒子属 *Cotoneaster*

形态特征 落叶或半常绿匍匐灌木。小枝呈圆柱形，幼时外被糙伏毛，成熟时脱落，呈黑褐色。叶片呈近圆形或宽椭圆形；花瓣直立，呈倒卵形，为粉红色。果实呈近球形，为鲜红色。花期为 5—6 月，果期为 9—10 月。

分布 产于我国陕西、甘肃、湖北、湖南、四川、贵州和云南；分布于尼泊尔；生长于海拔 2 000 ~ 3 500 米的灌木丛或岩石坡。

用途 晚秋时，叶为红色，红果累累，是布置岩石园、庭院、绿地和墙沿、角隅的优良材料；可用于制作地被植物和盆景；果枝也可用于插花。

（莫训强 摄）

山楂 *Crataegus pinnatifida*

山楂属 *Crataegus*

形态特征 落叶乔木，高达 6 米。树皮粗糙，为暗灰色或灰褐色；当年生枝呈紫褐色，老枝呈灰褐色。叶片为宽卵形或三角状卵形。伞房花序具多花，为白色。果实呈近球形或梨形，为深红色。花期为 5—6 月，果期为 9—10 月。

分布 产于我国黑龙江、吉林、辽宁、内蒙古、河北、河南、山东、山西、陕西和江苏；分布于朝鲜和俄罗斯西伯利亚；生长于海拔 100 ~ 1 500 米的山坡林边或灌木丛。

用途 可用作绿篱和观赏树，颇为美观；果可入药，有健胃、消积化滞、舒气散瘀之效。

（常青　摄）

北京花楸 *Sorbus discolor*

花楸属 *Sorbus*

形态特征 二年生乔木。枝呈紫褐色。奇数羽状复叶。复伞房花序，有多数花朵，萼筒呈钟状；花瓣为卵形，呈白色，无毛。果实呈卵形，为白色或黄色。花期为 5 月，果期为 8—9 月。

分布 产于我国河北、河南、山西、山东、甘肃和内蒙古；生长于海拔 1 500 ~ 2 500 米的山地阳坡阔叶混交林。

（李佳侬　摄）

西府海棠 *Malus × micromalus*

苹果属 *Malus*

形态特征 小乔木，具稀疏皮孔。叶片呈长椭圆形或椭圆形。伞形总状花序，有花4 ~ 7朵，花瓣呈近圆形，基部有短爪，为粉红色。果实呈近球形。花期为4—5月，果期为8—9月。

分布 产于我国辽宁、河北、山西、山东、陕西、甘肃和云南；生长于海拔100 ~ 2 400米的地区。

用途 为常见栽培的果树及观赏树；树姿直立，花朵密集；果味酸甜，可用作鲜食及加工；华北有些地区用作苹果或花红的砧木，生长良好，比山荆子抗旱力强。

（莫训强 摄）

朝天委陵菜 *Potentilla supina*

委陵菜属 *Potentilla*

形态特征 一年生或二年生草本。茎平展，基生叶羽状复叶，有小叶2 ~ 5对；小叶互生或对生。顶端呈伞房状聚伞花序；花瓣为黄色，呈倒卵形。瘦果呈长圆形，表面具脉纹。花果期为3—10月。

分布 产于我国多个地区；广泛分布于北半球的温带及部分亚热带地区；生长于海拔100 ~ 2 000米的田边、荒地、河岸沙地、草甸和山坡湿地。

用途 块根营养价值高，既可食，又可入药；可作为优良的野生天然食品。

（莫训强 摄）

匍匐委陵菜 *Potentilla reptans*

委陵菜属 *Potentilla*

形态特征 多年生匍匐草本。根多分枝，常具纺锤状块根。匍匐枝长为 20 ~ 100 厘米，节上生不定根。基生叶为鸟足状 5 出复叶；小叶片呈倒卵形至倒卵圆形。单花自叶腋生或与叶对生；花瓣为黄色，呈宽倒卵形。瘦果为黄褐色，呈卵球形。花果期为 6—8 月。

（莫训强　摄）

分布 产于我国新疆；广泛分布于欧洲至俄罗斯西伯利亚和中亚地区、非洲北部；生长于海拔 500 ~ 600 米的田边潮湿处。

用途 块根可作药用，能收敛解毒，生津止渴，也可作利尿剂。全草可入药，有发表、止咳之功效；鲜品捣烂外敷，可治疮疖。

蛇莓 *Duchesnea indica*

蛇莓属 *Duchesnea*

形态特征 多年生草本。根多分枝，常具纺锤状块根。匍匐枝长为 20 ~ 100 厘米，节上生不定根。基生叶为鸟足状 5 出复叶；小叶片呈倒卵形至倒卵圆形。单花自叶腋生或与叶对生；花瓣为黄色，宽倒卵形。瘦果呈黄褐色，卵球形。花果期为 6—8 月。

分布 产于我国辽宁以南的各地区；生长于海拔 1 800 米以下的山坡、河岸和草地等潮湿处。

用途 全草可作药用，既有清热解毒、活血散瘀、收敛止血之功效，又能治毒蛇咬伤、敷治疔疮等；可用于杀灭蝇蛆。

（莫训强　摄）

桃 *Prunus persica*

李属 *Prunus*

形态特征 乔木。树皮呈暗红褐色，老时粗糙呈鳞片状。叶片呈披针形，叶柄粗壮。花瓣呈长圆状椭圆形至宽倒卵形，为粉红色。花期为3—4月，果期为8—9月。

分布 原产于我国；广泛栽培于我国各地区；世界各地均有栽植。

用途 桃树干上分泌的胶质，俗称桃胶，可用作黏结剂等；既可食用，又可药用，有破血、和血和益气之功效。

品种 白花山碧桃（***Amygdalus persica*** ‘Baihua Shanbitao’）

（莫训强　摄）

山桃 *Prunus davidiana*

李属 *Prunus*

形态特征 乔木。树皮呈暗紫色。叶片为卵状披针形，叶边具细锐锯齿。花单生，先于叶开放；花瓣呈倒卵形或近圆形，为粉红色，先端圆钝，细微凹。果实为淡黄色，果肉薄而干，不可食。花期为3—4月，果期为7—8月。

分布 产于我国山东、河北、河南、山西、陕西、甘肃、四川和云南等地区；生长于海拔800～3 200米的山坡、山谷沟底或荒野疏林及灌丛。

用途 既可用作果树的砧木，也可用于观赏；木材质硬而重，可做各种细工；果核可做玩具或念珠；种仁可榨油，供食用。

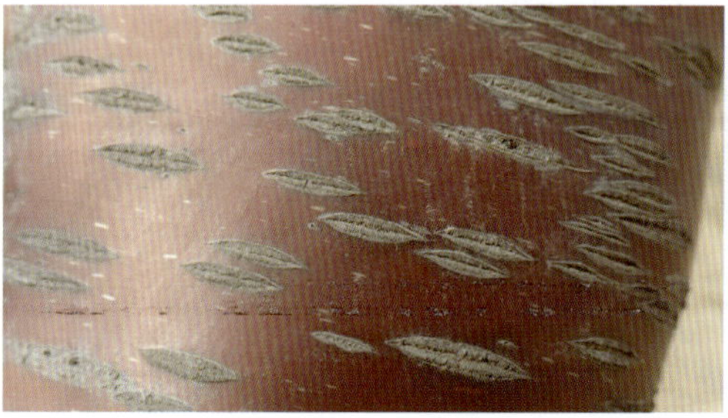

（莫训强　摄）

杏 *Prunus armeniaca*

李属 *Prunus*

形态特征 乔木。树皮纵裂，皮孔大横生。叶片呈宽卵形或圆卵形，叶边有圆钝锯齿。花单生，先于叶开放，花后反折；花瓣呈圆形，具短爪。果实为球形，常具红晕，微被短柔毛；果肉多汁。花期为 3—4 月，果期为 6—7 月。

分布 产于我国各地区，多数为栽培，尤以华北、西北和华东地区种植较多；野生于海拔达 3 000 米的新疆伊犁一带；世界各地也均有栽培。

用途 种仁（杏仁）可入药，有止咳、祛痰、定喘和润肠之功效。

（莫训强　摄）

梅 *Prunus mume*

李属 *Prunus*

形态特征 小乔木，稀灌木。小枝为绿色，光滑无毛。叶片呈卵形或椭圆形。花单生，香味浓，先于叶开放；花瓣呈倒卵形，为白色至粉红色。果实呈近球形，味酸。花期为冬春季，果期为 5—6 月。

分布 我国各地区均有栽培，以长江流域以南的各省区为最多；分布于日本和朝鲜。

用途 可用作观赏或果树；可栽为盆花；可提取香精；花、叶、根和种仁均可入药；果实可食、盐渍。

（李洪远　李佳侬　摄）

郁李 *Prunus japonica*

李属 *Prunus*

形态特征 灌木。小枝呈灰褐色，无毛。叶片呈卵形或卵状披针形。花 1 ~ 3 朵，簇生，花叶同开或先叶开放；花瓣为白色或粉红色，呈倒卵状椭圆形。核果呈近球形，为深红色。花期为 5 月，果期为 7—8 月。

分布 产于我国黑龙江、吉林、辽宁、河北、山东和浙江；分布于日本和朝鲜；生长于海拔 100 ~ 200 米的山坡林、灌丛。

用途 种仁可入药，名郁李仁；郁李、郁李仁配剂有显著降压之功效；宜丛植于草坪、山石旁、林缘和建筑物前；点缀于庭院路边或与棣棠、迎春等其他花木配植也可作花篱栽植。

（莫训强　李佳侬　摄）

豆科 Fabaceae

槐 *Styphnolobium japonicum*

槐属 *Styphnolobium*

形态特征 乔木。树皮具纵裂纹。羽状复叶对生或近互生，纸质。圆锥花序，顶生，花冠为白色或淡黄色。荚果呈串珠状，种子为卵球形，呈淡黄绿色。花期为 7—8 月，果期为 8—10 月。

分布 原产于我国；现在广泛栽培于我国各地区，尤以华北和黄土高原地区多见；分布于日本、越南和朝鲜；欧洲、美洲均有引种。

用途 可用作行道树和优良的蜜源植物；花和荚果可入药，有清凉收敛、止血降压之功效；叶和根皮有清热解毒之功效，可治疗疮毒；木材可用于建筑。

（莫训强　摄）

刺槐 *Robinia pseudoacacia*

刺槐属 *Robinia*

形态特征 落叶乔木。树皮呈灰褐色，纵裂。羽状复叶。总状花序，腋生，花多数，芳香；花冠为白色，各瓣均具瓣柄。荚果为褐色。花期为 4—6 月，果期为 8—9 月。

分布 原产于美国东部，17 世纪传入欧洲及非洲；现在广泛栽植于我国各地区。

用途 材质硬重，抗腐耐磨，宜作枕木等多种用材。

变种 香花槐（***Robinia pseudoacacia*** **'idaho'**）

（莫训强　摄）

苜蓿 *Medicago sativa*

苜蓿属 *Medicago*

形态特征 多年生草本。茎呈四菱形。羽状三出复叶。花序总状或头状，花冠为淡黄、深蓝至暗紫色，花瓣均具长瓣柄，旗瓣呈长圆形，先端微凹，明显比翼瓣和龙骨瓣长。荚果呈螺旋状。花期为 5—7 月，果期为 6—8 月。

分布 我国各地都有栽培或呈半野生状态。

用途 欧亚大陆和世界其他各国广泛将其种植为饲料与牧草；大量的侧支根纵横交错，形成强大的根系网络，具固氮作用，能改善和提高土壤的理化性质以及有机质的含量。

（莫训强　摄）

白车轴草 *Trifolium repens*

车轴草属 *Trifolium*

形态特征 短期多年生草本，生长期达 5 年，高为 10 ~ 30 厘米。掌状三出复叶；小叶呈倒卵形至近圆形。花序呈球形，顶生；无总苞；苞片呈披针形，膜质，锥尖；花冠为白色、乳黄色或淡红色，具香气。花果期为 5—10 月。

分布 原产于欧洲和北非；世界各地均有栽培；常见于我国种植；在湿润草地、河岸和路边呈半自生状态。

用途 本种为优良牧草，含丰富的蛋白质和矿物质，抗寒耐热，在酸性和碱性土壤上均能适应；可用作绿肥、堤岸防护草种、草坪装饰以及蜜源和药材等。

（莫训强　摄）

牻牛儿苗科 Geraniaceae

野老鹳草 *Geranium carolinianum*

老鹳草属 *Geranium*

形态特征 一年生草本。茎直立或仰卧，具棱角。茎生叶互生或最上部对生。花序腋生和顶生，长于叶，被倒生短柔毛和开展的长腺毛，每梗具 2 花；花瓣为淡紫红色，呈倒卵形。蒴果长约为 2 厘米，被短糙毛。花期为 4—7 月，果期为 5—9 月。

分布 分布于我国山东、安徽、江苏、浙江、湖南、湖北和四川等地区；常见于荒地、田园、路边或沟边。

用途 全草可供药用，具祛风、止泻之功效。

（莫训强　摄）

亚麻科 Linaceae

宿根亚麻 *Linum perenne*

亚麻属 *Linum*

形态特征 多年生草本。根为直根，粗壮，茎基部木质化。叶互生；叶片呈狭条形。花多数，组成聚伞花序，呈蓝色，花瓣 5，呈倒卵形。蒴果呈近球形，为草黄色，开裂。花期为 6—7 月，果期为 8—9 月。

分布 分布于我国河北、山西、内蒙古以及西北地区和西南地区等；广泛分布于俄罗斯西伯利亚至欧洲其他地区以及西亚；生长于海拔高度达 4 100 米的干旱草原。

用途 生长迅速，花期长，花量大，栽培管理方便，作为园林绿化花卉植物被广泛应用。

（莫训强 摄）

苦木科 Simaroubaceae

臭椿 *Ailanthus altissima*

臭椿属 *Ailanthus*

形态特征 落叶乔木。树皮平滑而有直纹。叶为奇数羽状复叶，小叶对生，纸质，呈卵状披针形，叶揉碎后具臭味。圆锥花序；花瓣 5，花呈淡绿色。翅果呈长椭圆形；种子位于翅的中间。花期为 4—5 月，果期为 8—10 月。

分布 广泛分布于除黑龙江、吉林、新疆、青海、宁夏、甘肃和海南以外的我国其他各地区。

用途 种子含油量为 35%；可用作石灰岩地区的造林树种；也可用作木材；叶可饲椿蚕；树皮、根皮、果实均可入药。

（莫训强 李佳侬 摄）

楝科 Meliaceae

香椿 *Toona sinensis*

香椿属 *Toona*

形态特征 乔木。树皮粗糙，呈深褐色，片状脱落。叶具长柄，偶数羽状复叶。圆锥花序；花瓣 5，呈白色。蒴果呈狭椭圆形，种子上端有长翅。花期为 6—8 月，果期为 10—12 月。

分布 产于我国华北、华东、华中、华南和西南部各地区；分布于朝鲜；生长于山地杂木林或疏林；广泛栽培于各地区。

用途 幼芽嫩叶芳香可口，可供蔬食；可用作优良木材；根皮及果入药，有收敛止血、去湿止痛之功效。

（莫训强　摄）

卫矛科 Celastraceae

冬青卫矛 *Euonymus japonicus*

卫矛属 *Euonymus*

形态特征 灌木，株高可达 3 米。小枝呈四菱形，具细微皱突。叶革质，有光泽，呈倒卵形或椭圆形。聚伞花序，分枝及花序梗均扁壮，第三次分枝常与小花梗等长或较短；花为白绿色。蒴果呈近球形。花期为 6—7 月，果期为 9—10 月。

分布 最先发现于日本；我国各地区均有引种栽培。

用途 可用作园林绿化与观赏植物或绿篱。

（莫训强　摄）

白杜 *Euonymus maackii*

卫矛属 *Euonymus*

形态特征 小乔木。叶呈卵状椭圆形、卵圆形或窄椭圆形，边缘具细锯齿，有时极深而锐利。聚伞花序，3 至多花，花瓣 4，为淡白绿色或黄绿色。种子呈长椭圆状。花期为 5—6 月，果期为 9 月。

分布 产地广阔，除我国陕西、广东、广西以及西南地区未见野生外，其他各地区均有野生，长江流域以南地区常以栽培为主；分布于我国黑龙江、俄罗斯西伯利亚南部以及朝鲜半岛。

用途 可用于园林绿化。

（莫训强 摄）

卫矛 *Euonymus alatus*

卫矛属 *Euonymus*

形态特征 灌木。叶呈卵状椭圆形、卵圆形或窄长椭圆形，边缘具细锯齿，两面光滑无毛。聚伞花序，1 ~ 3 花，花瓣 4，为淡白绿色或黄绿色。假种皮呈橙红色，种子呈长椭圆状。花期为 5—6 月，果期为 7—10 月。

分布 广泛分布于除新疆、西藏、海南以及东北以外的我国其他各地区；生长于山坡、沟底边沿。

用途 可用于园林绿化。

（莫训强 摄）

无患子科 Sapindaceae

糖槭 *Acer saccharinum*

槭属 *Acer*

形态特征 落叶乔木。叶 5 裂、茎有光泽的红色或褐色，叶子在 4 月形成，正面为亮绿色，背面为银白色，秋天形成灰色、绿色、黄色、红褐色。花为黄绿色至红色，雌雄同株。翅果。

分布 原产于北美洲东部，适应性广；分布于我国辽宁、内蒙古南部、云南、广西和广东。

用途 可用作树种和糖料植物；也可用作园林观赏树木。

（常青 摄）

元宝槭 *Acer truncatum*

槭属 *Acer*

形态特征 落叶乔木，深纵裂。叶纸质，裂片呈三角卵形或披针形；花为黄绿色，杂性，雄花与两性花同株，常成无毛的伞房花序；花瓣 5，呈淡黄色或淡白色；翅果。花期为 4 月，果期为 8 月。

分布 产于我国吉林、辽宁、内蒙古、河北、山西、山东、江苏北部、河南、陕西以及甘肃等地区；生长于海拔 400 ~ 1 000 米的疏林。

用途 可用作庭园树和行道树；种子含油丰富，可作工业原料；木材细密，可制造各种特殊用具，并可用作建筑材料。

（吴训强 摄）

五角槭 *Acer pictum* subsp. *mono*

槭属 *Acer*

形态特征　落叶乔木。树皮粗糙，常纵裂，呈灰色。叶纸质，常 5 裂，裂片呈卵形；主脉 5 条。花多数，杂性，雄花与两性花同株；花瓣 5，为淡白色。翅果。花期为 5 月，果期为 9 月。

分布　产于我国东北、华北和长江流域各地区；分布于俄罗斯西伯利亚东部以及蒙古国、朝鲜和日本；生长于海拔 800 ~ 1 500 米的山坡或山谷疏林。

用途　树皮纤维良好，可用作人造棉及造纸的原料；叶含鞣质，种子可榨油；木材细密，可用于制造建筑、车辆、乐器和胶合板等。

（莫训强　摄）

鸡爪槭 *Acer palmatum*

槭属 *Acer*

形态特征　落叶小乔木。小枝细瘦；枝呈紫色，5 ~ 9 掌状分裂，通常 7 裂，裂片先端锐尖，边缘具紧贴的尖锐锯齿；花为紫色；翅果嫩时为紫红色。花期为 5 月，果期为 9 月。

分布　产于我国山东、河南南部、江苏、浙江、安徽、江西、湖北、湖南、贵州等地区；分布于朝鲜和日本；生长于海拔 200 ~ 1 200 米的林边或疏林。

用途　可用作行道树和观赏树，是园林中名贵的观赏树种，配以山石，具古雅之趣；可植于花坛用作主景树，极为雅致。

变种　红枫（*Acer palmatum* ‘**Atropurpureum**’）

（莫训强　摄）

茶条槭 *Acer tataricum* subsp. *ginnala*

槭属 *Acer*

形态特征 落叶灌木或小乔木。树皮粗糙，呈灰色。叶片中央裂片锐尖或狭长锐尖。伞房花序，无毛，具多数的花；花杂性，花瓣为长圆卵形白色毛，果实呈黄绿色或黄褐色。花期为5月，果期为10月。

分布 产于我国黑龙江、吉林、辽宁、内蒙古、河北、山西、河南、陕西和甘肃；分布于蒙古国、朝鲜和日本以及俄罗斯西伯利亚东部；生长于海拔800米以下的丛林。

用途 嫩叶可加工制成茶叶，具有生津止渴、退热明目之功效；木材可供薪炭；树皮纤维可替代麻及用作纸浆、人造棉等原料；花为良好蜜源；种子可榨油。

（莫训强　摄）

三角槭 *Acer buergerianum*

槭属 *Acer*

形态特征 落叶乔木。树皮呈褐色或深褐色。多数花常成顶生被短柔毛的伞房花序，开花叶长大后，再开花；花瓣5，呈淡黄色。果核凸出，果翅展开呈锐角。花期为4月，果期为8月。

分布 产于我国山东、河南、江苏、浙江、安徽、江西、湖北、湖南、贵州和广东等地区；分布于日本；生长于海拔300 ~ 1 000米的阔叶林。

用途 宜作庭荫树、行道树及护岸树种；可栽作绿篱；根可用于治疗风湿、关节痛；根皮、茎皮具清热解毒、消暑之功效。

（刘冰　摄）

梣叶槭 *Acer negundo*

槭属 *Acer*

形态特征 落叶乔木。树皮呈黄褐色或灰褐色。羽状复叶，小叶纸质。雄花的花序聚伞状，雌花的花序总状，花小，呈黄绿色，开于叶前，雌雄异株。小坚果凸起。花期为4—5月，果期为9月。

分布 原产于北美洲；我国辽宁、内蒙古、河北、山东、河南、陕西、甘肃、新疆、江苏、浙江、江西和湖北均有引种栽培；生长于我国东北和华北各地区。

用途 可用作蜜源植物；本种生长迅速，树冠广阔，可用作行道树或庭园树。

变种 金叶梣叶槭（*Acer negundo* ‘**Aurea**’）

（莫训强　摄）

七叶树 *Aesculus chinensis*

七叶树属 *Aesculus*

形态特征 落叶乔木。树皮呈深褐色或灰褐色。掌状复叶，由5～7小叶组成。花序为圆筒形。花杂性，雄花与两性花同株，花瓣4，呈白色。果实呈球形或倒卵圆形，为黄褐色。花期为4—5月，果期为10月。

分布 广泛栽培于我国河北南部、山西南部、河南北部、陕西南部；仅在秦岭地区有野生品种。

用途 种子可作食用和药用；木材细密，可制造各种器具；榨油可制造肥皂；世界著名的观赏树种之一。

（莫训强　常青　摄）

栾 *Koelreuteria paniculata*

栾属 *Koelreuteria*

形态特征 落叶乔木或灌木。树皮厚，呈灰褐色至灰黑色，老时纵裂。一回、二回羽状复叶。聚伞圆锥花序；花为淡黄色，稍芬芳；花瓣4，呈橙红色。蒴果呈圆锥形，种子呈近球形。花期为6—8月，果期为9—10月。

分布 生长于我国大部地区，自东北地区的辽宁起至西南地区的云南；栽培于世界各地。

用途 耐寒耐旱，常用作庭园观赏树；木材黄白色，易加工，可用于制作家具；叶可用作蓝色染料；花既可作药用，也可作黄色染料。

（莫训强　摄）

文冠果 *Xanthoceras sorbifolium*

文冠果属 *Xanthoceras*

形态特征 落叶灌木或小乔木。小枝呈褐红色；小叶对生，边缘有锐利锯齿。两性花的花序顶生，花瓣为白色，基部为紫红色或黄色；蒴果；种子为黑色。花期在春季，果期在秋初。

分布 分布于我国北部和东北部，即西至宁夏、甘肃，东北至辽宁，北至内蒙古，南至河南。

用途 文冠果耐干旱、贫瘠、抗风沙，是中国特有的一种食用油料树种。

（莫训强　摄）

锦葵科 Malvaceae

冬葵 *Malva verticillata* var. *crispa*

锦葵属 *Malva*

形态特征　一年生草本，株高 1 米。叶近圆形，常 5 ~ 7 裂或角裂。花小，花冠呈白色或淡紫红色，单生或数朵簇生于叶腋，近无花梗或梗极短；花瓣 5；分果呈扁球形；种子呈肾形。花期为 6—9 月。

分布　产于我国湖南、四川、贵州、云南、江西、甘肃等地区。

用途　我国在汉代以前就已栽培，以供蔬食；观赏佳品，地植与盆栽均宜。

（莫训强　摄）

圆叶锦葵 *Malva pusilla*

锦葵属 *Malva*

形态特征　多年生草本。叶互生，呈肾形，果实呈扁圆形，果片背面具网纹，网纹显著突起成脊状。种子呈近圆形，种脐为黑褐色，位于腹面凹口内。花果期为 4—9 月。

分布　产于我国河北、山东、河南、山西、陕西、甘肃、新疆、西藏、四川、贵州、云南、江苏和安徽等多个地区；分布于欧洲和亚洲；生长于荒野、草坡。

用途　可用于治疗贫血、乳汁缺少、自汗、盗汗、肺结核、咳嗽和肾炎等疾病，具有益气、止汗、利尿、通乳、拔毒和排脓之功效。

（莫训强　摄）

野葵 *Malva verticillata*

锦葵属 *Malva*

形态特征 二年生草本，株高 50 ~ 100 厘米。茎干被星状长柔毛。叶呈肾形或圆形，通常为掌状 5 ~ 7 裂，裂片三角形。花 3 至多朵簇生于叶腋。果呈扁球形，两侧具网纹。种子呈肾形，为紫褐色。花期为 3—11 月。

分布 分布于印度、缅甸、朝鲜、中国、埃及、埃塞俄比亚以及欧洲等地区。

用途 种子、根和叶可用作中草药；嫩苗也可供蔬食。

（林秦文 摄）

苘麻 *Abutilon theophrasti*

苘麻属 *Abutilon*

形态特征 一年生亚灌木状草本。茎枝被柔毛。叶呈圆心形，边缘具细圆锯齿。花单生于叶腋，花为黄色，花瓣呈倒卵形。蒴果呈半球形，种子呈肾形，被星状柔毛。花期为 7—8 月。

分布 分布于越南、印度、日本以及欧洲、北美洲等地区；广泛栽培于除青藏高原以外的我国其他地区；常见于路旁、荒地和田野。

用途 该种的茎皮纤维色白，具光泽，可用作编织麻袋、搓绳索、编麻鞋等纺织材料；种子含油量为 15% ~ 16%，可用作制皂、油漆和工业润滑油；全草可作药用。

（莫训强 摄）

罂粟葵 ***Callirhoe involucrata*** 罂粟葵属 *Callirhoe*

形态特征 多年生草本植物，具白色粗壮主根。匍匐茎长达 60~90 厘米，有毛。单叶互生，5~7 深裂。花瓣 5 枚，花呈紫红色，花心呈白色。花期为 7—8 月，果期为 9—10 月。

分布 原产于得克萨斯州以及墨西哥。

用途 花色艳丽，栽培管理简便，可用于花境或用作护堤；既能防止水土流失，又能美化环境，尤其适用于公路护坡。

（刘冰 摄）

堇菜科 Violaceae

早开堇菜 ***Viola prionantha*** 堇菜属 *Viola*

形态特征 多年生草本植物。无地上茎，叶多数，均基生。花大，呈紫堇色或淡紫色，喉部色淡并有紫色条纹，无香味。蒴果呈长椭圆形，种子多数。花果期为 4 月上中旬至 9 月。

分布 分布于我国多地区；也分布于朝鲜以及俄罗斯远东地区；生长于山坡草地、沟边、宅旁等向阳处。

用途 全草可作药用，具有清热解毒，除脓消炎之功效；捣烂外敷可排脓、消炎、生肌；可用作早春观赏植物。

（莫训强 摄）

戟叶堇菜 *Viola betonicifolia*

堇菜属 *Viola*

形态特征 多年生草本。无地上茎，叶多数，均基生，莲座状。叶片呈狭披针形、长三角状戟形或三角状卵形。花呈白色或淡紫色，有深色条纹；蒴果。本种与紫花地丁相近似，其下方花瓣之距较短，侧方花瓣密被须毛，叶形差异较明显。花果期为 4—9 月。

分布 产于我国陕西、甘肃、江西、安徽、浙江、江西和福建等多个地区；分布于喜马拉雅地区以及印度、斯里兰卡、澳大利亚、印度尼西亚、日本等地区；生长于田野、路边、山坡草地、灌丛和林缘等地方。

用途 全草可作药用，有清热解毒、消肿散瘀之功效；外敷可治节疮痈肿。

（朱仁斌 摄）

紫花地丁 *Viola philippica*

堇菜属 *Viola*

形态特征 多年生草本。无地上茎，叶片下部呈三角状卵形或狭卵形，花中等大，呈紫堇色或淡紫色，稀呈白色，喉部色较淡并带有紫色条纹；蒴果呈长圆形，种子为卵球形，呈淡黄色。花果期为 4 月中下旬至 9 月。

分布 产于我国黑龙江、吉林、辽宁、内蒙古、河北、山西、陕西、甘肃、山东和江苏等多个地区；分布于朝鲜、日本以及俄罗斯远东地区；生长于田间、荒地、山坡草丛、林缘或灌木丛；在庭园较湿润处常形成小群落。

用途 全草可作药用，能清热解毒，凉血消肿；嫩叶可用作野菜；也可作早春观赏花卉。

（莫训强 摄）

胡颓子科 Elaeagnaceae

胡颓子 *Elaeagnus pungens*

胡颓子属 *Elaeagnus*

形态特征 常绿直立灌木。具刺，呈深褐色；幼枝呈微扁菱形，密被锈色鳞片，老枝鳞片脱落，呈黑色，具光泽。叶革质，呈椭圆形，幼时具银白色和少数褐色鳞片，成熟后脱落。花期为 9—12 月，果期为翌年 4—6 月。

分布 产于我国江苏、浙江、福建、安徽、江西、湖北、湖南、贵州、广东和广西；分布于日本；生长于海拔 1 000 米以下的向阳山坡或路旁。

用途 果熟时味甜可食。

（薛凯　朱仁斌　摄）

千屈菜科 Lythraceae

千屈菜 *Lythrum salicaria*

千屈菜属 *Lythrum*

形态特征 多年生草本。全株呈青绿色，枝通常具 4 棱。叶呈披针形或阔披针形。花组成小聚伞花序，簇生，全形似穗状花序，花瓣为红紫色或淡紫色，有短爪，稍皱缩。

分布 产于和栽培于我国各地区；分布于亚洲、欧洲、非洲、北美洲以及澳大利亚东南部；生长于河岸、湖畔、溪沟边和潮湿草地。

用途 可用于观赏；全草入药，可外用于外伤出血。

（莫训强　摄）

柳叶菜科 Onagraceae

美丽月见草 *Oenothera speciosa*

月见草属 *Oenothera*

形态特征 多年生草本。叶互生，呈披针形，下部有波缘或疏齿，花单生或 2 朵着生于茎上部叶腋，花瓣 4，为粉红色，具暗色脉缘，雄蕊呈黄色，雌蕊呈白色；蒴果。

分布 原产于美洲温带地区；我国有引种，分布于华南地区；浙江、江西、云南和贵州为野生。

用途 花大而美丽，常成片开放，极为壮观，为极优的观花草本；丛生状种植，营造出别样的自然园林风情。

（莫训强 摄）

伞形科 Apiaceae

茴香 *Foeniculum vulgare*

茴香属 *Foeniculum*

形态特征 草本。茎直立，光滑，呈灰绿色或苍白色，多分枝。叶片轮廓为阔三角形，末回裂片呈线形。复伞形花序，顶生与侧生，花瓣为黄色。果实为长圆形，主棱 5 条，尖锐。花期为 5—6 月，果期为 7—9 月。

分布 原产于地中海地区；栽培于我国各地区。

用途 嫩叶可作蔬菜食用或作调味用；果实可入药，有祛风、祛痰、散寒、健胃和止痛之功效。

（莫训强 摄）

蛇床 ***Cnidium monnieri***　　蛇床属 *Cnidium*

形态特征　一年生草本。茎直立或斜上，多分枝，中空，表面具深条棱，粗糙。叶羽状分裂。复伞形花序，花瓣为白色，先端具内折小舌片。花期为4—7月，果期为6—10月。

分布　分布于我国华东、中南、西南、西北、华北、东北；也分布于俄罗斯、欧洲其他国家、朝鲜、越南以及北美洲。

用途　果实“蛇床子”可入药；花序白色纯正，芳香，可用作园林绿化植物，美化生活环境。

（莫训强　摄）

山茱萸科 Cornaceae

灯台树 ***Cornus controversa***　　山茱萸属 *Cornus*

形态特征　落叶乔木。树皮光滑；当年生枝呈紫红绿色，二年生枝呈淡绿色，有半月形的叶痕和圆形皮孔。伞房状聚伞花序。核果为球形。花期为5—6月，果期为7—8月。

分布　产于我国各地区；分布于朝鲜、日本、印度北部及锡金邦、尼泊尔、不丹；生长于海拔250 ~ 2 600米的常绿阔叶林或针阔叶混交林。

用途　果实可以榨油，为木本油料植物；树冠形状，美观，可用作行道树种。

（莫训强　摄）

红瑞木 *Cornus alba*

山茱萸属 *Cornus*

形态特征　落叶灌木。老干呈暗红色，枝丫呈血红色。叶对生，呈椭圆形。聚伞花序，顶生，花为乳白色。花期为6—7月，果期为8—10月。

分布　分布于我国黑龙江、吉林、辽宁、内蒙古、河北、陕西、甘肃、青海、山东、江苏、江西等地区；生长于海拔600 ~ 1 700米的杂木林或针阔叶混交林。

用途　可用作观茎植物；也可用作良好的切枝材料。

（莫训强　常青　摄）

偃伏梾木 *Cornus stolonifera*

山茱萸属 *Cornus*

形态特征　落叶灌木。枝条呈血红色或鲜红紫色。单叶对生，叶片上面呈深绿色，下面呈灰白色。聚伞形花序；花为白色，花瓣4。核果为白色。花期为5—6月，果期为9月。

分布　原产于美国、加拿大；常见于海拔2 700米以下的针叶林山地、沿河两岸、山沟旁及开旷湿润的地方。

用途　在水边湿地具有较为丰富的景观效果。

变种　金枝梾木（***Cornus stolonifera* ‘Glaviamea’**）。

（林秦文　摄）

山茱萸 ***Cornus officinalis*** 山茱萸属 *Cornus*

形态特征 落叶乔木或灌木。叶对生，纸质。伞形花序生于枝侧，花呈舌状披针形，为黄色，向外反卷。核果呈长椭圆形，为红色至紫红色。花期为 3—4 月，果期为 9—10 月。

分布 产于山西、陕西、甘肃、山东、江苏、浙江、安徽、江西、河南、湖南等地区；分布于朝鲜、日本；生长于海拔 400 ~ 1 500 米，稀达 2 100 米的林缘或森林。

用途 果实被称为“萸肉”，可作药用。

（莫训强 摄）

柿科 Ebenaceae

君迁子 ***Diospyros lotus*** 柿属 *Diospyros*

形态特征 落叶乔木。花冠呈壶形，带红色或淡黄色。果呈近球形或椭圆形，初熟时，先为淡黄色，后则变为蓝黑色，常被有白色薄蜡层。花期为 5—6 月，果期为 10—11 月。

分布 产于我国多个地区；分布于亚洲西部、小亚细亚、欧洲南部。

用途 成熟果实既可供食用，入药，又可用于制糖、酿酒和制醋。

（莫训强 摄）

木樨科 Oleaceae

绒毛梣 *Fraxinus velutina*

梣属 *Fraxinus*

形态特征 落叶乔木。高小枝密被短柔毛，树皮呈暗灰色，光滑。花杂性，圆锥花序侧生于上年枝上，先开花，后展叶。果实为单翅果，11 月中旬成熟。花期为 4 月中旬，果期为 5 月。

分布 原产于得克萨斯州直至加利福尼亚州等美国的西南各州以及墨西哥；分布于海拔 600 ~ 2 000 米的峡谷地区。

用途 枝繁叶茂，适应性强，特别耐盐碱，抗污染，既是优良的造景树种，又是沿海城市绿化的优良树种。

（莫训强 摄）

连翘 *Forsythia suspensa*

连翘属 *Forsythia*

形态特征 落叶灌木。枝略呈四菱形，枝条为黄褐色。叶通常为单叶。花通常单生或 2 至数朵着生于叶腋，花冠为黄色，花瓣 4。花期为 3—4 月，果期为 7—9 月。

分布 产于我国河北、山西、陕西、山东、安徽西部、河南、湖北和四川；生长于海拔 250 ~ 2 200 米的山坡灌丛、林下、草丛、山谷、山沟和疏林；栽培于除华南地区以外的我国其他地区；也栽培于日本。

用途 果实可入药，具清热解毒、消结排脓之功效；其叶可作药用，治疗高血压、痢疾、咽喉痛等效果较好。

（莫训强 摄）

小叶巧玲花 *Syringa pubescens* subsp. *microphylla*

丁香属 *Syringa*

形态特征 灌木。小枝带四菱形，无毛，疏生皮孔。叶片呈卵形，叶缘具睫毛。圆锥花序，直立，通常由侧芽抽生；花序轴为明显的四菱形；花冠为紫色，盛开时呈淡紫色，后渐近为白色。花期为5—6月，果期为6—8月。

分布 产于我国河北、山西、陕西东部、山东西部和河南；生长于海拔900 ~ 2 100米的山坡、山谷灌丛或河边沟旁。

用途 被我国北部地区广泛用作园林绿化的优选树种，尤其是绿篱绿化；具有良好的药用价值。

（李洪远　摄）

蓝丁香 *Syringa meyeri*

丁香属 *Syringa*

形态特征 灌木或小乔木灌木。树皮呈灰褐色或灰色。小枝较粗，疏生皮孔。叶片革质或厚纸质，呈卵圆形至肾性，基部为心形、截形至近圆形。圆锥花序，直至由侧芽抽生，呈近球形或长圆形，花冠为紫色，花冠管为圆柱形，裂片呈直角开展；花药为黄色。果为倒卵状椭圆形、卵形至长椭圆形，先端长渐尖，光滑。花期为4—5月，果期为6—10月。

分布 产于我国东北、华北、西北（除新疆以外）以至西南，直达四川西北部（松潘、南坪）；广泛栽培于长江以北各庭园；生长于海拔300 ~ 2 400米的山坡丛林、山沟溪边、山谷路旁及滩地水边。

用途 其吸收SO_2的能力较强，对SO_2污染具有一定的净化作用；花可提制芳香油；嫩叶可代茶。

（莫训强　摄）

紫丁香 *Syringa oblata*

丁香属 *Syringa*

形态特征 灌木或小乔木。树皮呈灰褐色或灰色。圆锥花序，直立，花冠呈紫色，花药为黄色，位于距花冠管喉部 0 ~ 4 毫米。果为倒卵状椭圆形、卵形至长椭圆形，长为 1 ~ 1.5 厘米，宽为 4 ~ 8 毫米，先端长渐尖，光滑。花期为 4—5 月，果期为 6—10 月。

分布 产于我国东北、华北、西北（除新疆）以至西南，直达四川西北部；生长于海拔 300 ~ 400 米的山坡丛林、山沟溪边、山谷路旁及滩地水边。

用途 我国长江以北的各庭园普遍栽培；花可提制芳香油；嫩叶可代茶。

（石淞屹　莫训强　摄）

花叶丁香 *Syringa* × *persica*

丁香属 *Syringa*

形态特征 小灌木，株高为 1 ~ 2 米或达 3 米。叶片呈披针形或卵状披针形。花序由侧芽抽生，通常多对排列在枝条上部，呈顶生圆锥花序状；花序轴无毛，花芳香；花冠为淡紫色，花冠裂片呈直角开展，花药小，不孕，呈淡黄绿色，着生于花冠管喉部之下。花期为 5 月。

分布 产于中亚、西亚、地中海地区至欧洲；栽培于我国北部地区。

用途 花芳香，可提芳香油；可用作庭园观赏树种。

（李洪远　李佳侬　摄）

羽叶丁香 *Syringa pinnatifolia*

丁香属 *Syringa*

形态特征 直立灌木，株高为 1 ~ 4 米。树皮呈片状剥裂。叶为羽状复叶，小叶片对生或近对生，呈卵状披针形、卵状长椭圆形至卵形。圆锥花序，花冠为白色、淡红色，略带淡紫色。果呈长圆形，先端凸尖或渐尖。花期为 5—6 月，果期为 8—9 月。

分布 产于我国内蒙古和宁夏交界的贺兰山地区以及陕西南部、甘肃、青海东部和四川西部。

用途 可用作园林观赏树种；根或枝干可入药。

（陈又生 摄）

北京丁香 *Syringa reticulata* subsp. *pekinensis*

丁香属 *Syringa*

形态特征 大灌木或小乔木，株高为 2 ~ 5 米，可达 10 米；树皮呈褐色，纵裂。小枝带红褐色。叶片纸质，为卵形、宽卵形至近圆形。花冠为白色，呈辐状，花药呈黄色，为长圆形。果为长椭圆形至披针形。花期为 5—8 月，果期为 8—10 月。

分布 产于我国内蒙古、河北、山西、河南、陕西、宁夏、甘肃和四川北部；生长海拔 600 ~ 2 400 米的山坡灌丛、疏林、密林、沟边、山谷或沟边林。

用途 枝叶茂盛，北京庭园广为栽培，以供观赏。

（莫训强 摄）

夹竹桃科 Apocynaceae

鹅绒藤 *Cynanchum chinense*

鹅绒藤属 *Cynanchum*

形态特征 缠绕草本。主根呈圆柱状，长约为 20 厘米。叶对生，薄纸质，宽为三角状心形，叶面呈深绿色，叶背呈苍白色；伞形聚伞花序，腋生，两歧，着花约 20 朵；花冠为白色。花期为 6—8 月，果期为 8—10 月。

分布 产于我国辽宁、河北、河南、山东、山西、陕西、宁夏、甘肃、江苏和浙江等地区；生长于海拔 500 米以下。

用途 可用作园林观赏；全株可作祛风剂。

（莫训强　摄）

萝藦 *Cynanchum rostellatum*

鹅绒藤属 *Cynanchum*

形态特征 多年生草质藤本，长达 8 米，具乳汁。茎呈圆柱状，下部木质化。叶膜质，呈卵状心形。总状式聚伞花序，腋生或腋外生。花冠为白色，有淡紫红色斑纹。花期为 7—8 月，果期为 9—12 月。

分布 分布于我国东北、华北、华东以及甘肃、陕西、贵州、河南和湖北等地区；生长于林边荒地、山脚、河边和路旁灌木丛。

用途 全株既可作药用，也可用于制作人造棉。

（莫训强　摄）

旋花科 Convolvulaceae

圆叶牵牛 *Ipomoea purpurea*

虎掌藤属 *Ipomoea*

形态特征 一年生缠绕草。叶呈圆心形或宽卵状心形。花腋生，花冠呈漏斗状，为紫红色、红色或白色，花冠管通常为白色。种子呈卵状三菱形，为黑褐色或米黄色。

分布 原产于美洲热带地区；广泛引植于世界各地或已成为归化植物；分布于我国大部分地区；生长于平地以至海拔 2 800 米左右的地方；栽培或野生。

用途 可用作园林观赏栽培植物。

（莫训强　摄）

紫草科 Boraginaceae

附地菜 *Trigonotis peduncularis*

附地菜属 *Trigonotis*

形态特征 一年生或二年生草本，株高为 5 ~ 30 厘米。茎通常多条丛生，基部多分枝，被短糙伏毛。基生叶呈莲座状，叶片呈匙形。花序生茎顶，花冠为淡蓝色或粉色。早春开花，花期甚长。

分布 产于我国西藏、云南、广西北部、江西、福建、新疆、甘肃、内蒙古和东北等地区。

用途 全草可入药；嫩叶可供食用；花可用于点缀花园。

（莫训强　摄）

唇形科 Lamiaceae

海州常山 *Clerodendrum trichotomum*

大青属 *Clerodendrum*

形态特征 灌木或小乔木。叶片纸质，呈卵形、卵状椭圆形或三角状卵形。伞房状聚伞花序，顶生或腋生。花萼蕾时为绿白色，后为紫红色。核果呈近球形，成熟时，外果皮呈蓝紫色。花果期为 6–11 月。

分布 产于我国辽宁、甘肃、陕西以及华北、中南、西南各地区；分布于朝鲜、日本以及菲律宾北部。

用途 可用作良好的观花、观果植物；既可孤植于阳光充足的地方，也可与其他树木配置于庭园、山坡、溪边、堤岸、悬崖、石隙及林下。

（张杨　莫训强　摄）

兰香草 *Caryopteris incana*

莸属 *Caryopteris*

形态特征 小灌木，株高为 26 ~ 60 厘米。嫩枝呈圆柱形，老枝毛渐脱落。叶片厚纸质，呈披针形、卵形或长圆形。聚伞花序，花冠为淡紫色或淡蓝色。蒴果呈倒卵状球形，果瓣有宽翅。花果期为 6—10 月。

分布 产于我国江苏、安徽、浙江、江西、湖南、湖北、福建、广东和广西。

用途 全草可作药用。

（莫训强　李佳依　摄）

荆芥 *Nepeta cataria*

荆芥属 *Nepeta*

形态特征 多年生植物，株高为 40 ~ 150 厘米。茎基部木质化，多分枝。叶为卵状草质。花序为聚伞状，下部腋生，上部顶生，分枝为圆锥花序。花冠为白色，下唇有紫点，雄蕊内藏。花期为 7—9 月，果期为 9—10 月。

分布 产于我国新疆、甘肃、陕西、河南、山西、山东、湖北、贵州、四川及云南等地区；生长于海拔不超过 2 500 米的地方。

用途 油用于化妆品香料，常作芳香油及蜜源植物栽培；荆芥的根含有强烈刺激神经系统的成分，有时在我国栽培，以供药用；全草用于防治感冒。

（莫训强　摄）

蓝花鼠尾草 *Salvia farinacea*

鼠尾草属 *Salvia*

形态特征 多年生草本。分枝多，有毛，茎下部叶为二回羽状复叶，上部叶为一回羽状复叶，边缘有粗锯齿。轮伞花序，顶生，花萼呈管状钟形，花色呈粉紫或粉蓝。花期为 4—10 月。

分布 主要分布于我国华东、湖北、广东及广西。

用途 广泛用于道路绿化、花坛及其他园林造景；可用于盆栽花卉或制作香包；也可用于提炼精油，具有药用和经济价值。

（莫训强　摄）

薄荷 *Mentha canadensis*

薄荷属 *Mentha*

形态特征 多年生草本，株高为 30 ~ 60 厘米。茎直立，多分枝。叶片呈长圆状披针形，披针形，椭圆形或卵状披针形。轮伞花序，腋生，轮廓呈球形。花冠为淡紫。花期为 7—9 月，果期为 10 月。

分布 产于我国南北各地区；生长于海拔高达 3 500 米的水旁潮湿地。

用途 幼嫩茎尖可作菜食；全草可入药。

（莫训强 摄）

罗勒 *Ocimum basilicum*

罗勒属 *Ocimum*

形态特征 一年生草本，株高为 20 ~ 80 厘米。茎直立，常染有红色。叶呈卵圆形至卵圆状长圆形。总状花序，顶生，由多数具 6 花交互对生的轮伞花序组成。花萼呈钟形。花冠为淡紫色。花期为 7—9 月，果期为 9—12 月。

分布 产于我国新疆、吉林、河北、浙江、江苏、安徽、江西、湖北、湖南、广东、广西、福建、台湾、贵州、云南及四川；南方地区有野生。

用途 幼嫩茎尖可作菜食；全草又可入药。

（莫训强 摄）

假龙头花 ***Physostegia virginiana*** 假龙头花属 *Physostegia*

形态特征 多年生宿根草本植物，株高可达 1 米。茎丛生而直立，呈四菱形，叶片呈披针形，边缘具锯齿。穗状花序，顶生，花色为粉色、白色、淡紫红。花期为 8—10 月。

分布 原产于北美洲；喜生长于温暖，较耐寒、耐旱和耐肥的地方，适应能力强。

用途 可片植于街道绿地、居民区绿地等向阳面的花境、花带，整体效果非常美观。

（莫训强 摄）

茄科 Solanaceae

龙葵 ***Solanum nigrum*** 茄属 *Solanum*

形态特征 一年生直立草本，株高 0.25 ~ 1 米，茎无棱或棱不明显。叶呈卵形，全缘或每边具不规则的波状粗齿。蝎尾状花序，腋外生，花冠为白色，花药黄色。浆果呈球形，直径约为 8 毫米，成熟时呈黑色。

分布 广泛分布于我国各地区以及欧洲、亚洲其他地区、美洲的温带至热带地区。

用途 全株可入药，具有散瘀消肿、清热解毒之功效。

（莫训强　摄）

泡桐科 Paulowniaceae

毛泡桐 *Paulownia tomentosa*

泡桐属 *Paulownia*

形态特征 乔木，株高达20米。树冠宽大，呈伞形，树皮呈褐灰色。叶片呈心脏形，长达40厘米，花序为金字塔形或狭圆锥形；花冠为紫色，呈漏斗状钟形。蒴果呈卵圆形，种子连翅长为2.5～4毫米。花期为4—5月，果期为8—9月。

分布 分布和栽培于我国辽宁南部、河北、河南、山东、江苏、安徽、湖北和江西等地区；西部地区有野生。

用途 速生、轻质用材，可用于农田林网的防护和四旁绿化等。

（李佳依　摄）

车前科 Plantaginaceae

摩洛哥柳穿鱼 *Linaria maroccana*

柳穿鱼属 *Linaria*

形态特征 多年生草本植物，株高可达80厘米，茎叶无毛。茎直立，叶通常多数而互生，常单脉，总状花序，花期短而花密集；花冠呈黄色，蒴果呈卵球状，种子为盘状，边缘有宽翅。花期为6—9月。

分布 原产于欧亚大陆的北部温带地区，有较强的耐寒性；生长于阳光充足或者半阴半阳处；不适宜生长在过于瘠薄和高温的环境。

用途 花朵色彩艳丽，亮泽多姿，有较高的观赏价值；也是一种油料作物。

（张敬莉　摄）

穗花 *Pseudolysimachion spicatum*

兔尾苗属 *Pseudolysimachion*

（莫训强　摄）

形态特征　茎单生或数支丛生，直立或上升，株高为 15 ~ 50 厘米，常呈灰色或灰绿色。叶对生，叶片为长矩圆形。花序呈长穗状；花冠为紫色或蓝色；雄蕊略伸出。幼果呈球状矩圆形。花期为 7—9 月。

分布　产于我国新疆西北部以及欧洲至俄罗斯西伯利亚地区和中亚地区；生长于海拔 2 500 米的草原和针叶林。

用途　可用作园林观赏植物；也可用于花境。

兔儿尾苗 *Pseudolysimachion longifolium*

兔尾苗属 *Pseudolysimachion*

形态特征　茎单生或数支丛生，株高为 40 ~ 100 厘米。叶对生，偶尔 3 ~ 4 枚轮生，叶片呈披针形，边缘为深刻的尖锯齿。总状花序，常单生，花冠为紫色或蓝色，长为 5 ~ 6 毫米。花期为 6—8 月。

分布　分布于我国新疆、黑龙江和吉林；也分布于欧洲至俄罗斯远东地区及朝鲜北部；生长于海拔达 1 500 米的草甸、山坡草地、林缘草地和桦木林。

用途　可用作园林观赏植物；嫩苗可食。

（李佳侬　常青　摄）

婆婆纳 *Veronica polita*

婆婆纳属 *Veronica*

形态特征 铺散多分枝草本，株高为 10 ~ 25 厘米。叶仅 2 ~ 4 对，叶片呈心形至卵形。花冠为淡紫色、蓝色、粉色或白色，直径为 4 ~ 5 毫米。花期为 3—10 月。

分布 常见于我国华东、华中、西南、西北和北京；广泛分布于欧亚大陆北部。

用途 可用于花境；茎叶味甜，可食。

（莫训强 摄）

平车前 *Plantago depressa*

车前属 *Plantago*

形态特征 一年生或二年生草本。叶基生呈莲座状；叶片纸质，呈椭圆形、椭圆状披针形或卵状披针形。花序 3 ~ 10 个，花冠为白色。种子呈椭圆形，为黄褐色至黑色。花期为 5–7 月，果期为 7—9 月。

分布 产于我国黑龙江、吉林、辽宁、内蒙古、河北、山西、陕西、宁夏、甘肃、青海、新疆、山东、江苏、河南、安徽、江西、湖北、四川、云南和西藏。

用途 可作食用和药用。

（莫训强 摄）

紫葳科 Bignoniaceae

楸 *Catalpa bungei*

梓属 *Catalpa*

形态特征 小乔木，株高为 8 ~ 12 米。叶呈三角状卵形或卵状长圆形。伞房状总状花序，顶生有花 2 ~ 12 朵。花冠呈淡红色，内面具有 2 黄色条纹及暗紫色斑点。蒴果呈线形。种子呈狭长椭圆形。花期为 5—6 月，果期为 6—10 月。

分布 产于我国河北、河南、山东、山西、陕西、甘肃、江苏、浙江和湖南；栽培于广西、贵州和云南。

用途 木材坚硬，可作良好的建筑用材；也可用作观赏树、行道树；花可炒食；叶可喂猪；茎皮、叶、种子可入药。

（李洪远　莫训强　陈小奎　摄）

五福花科 Adoxaceae

接骨木 *Sambucus williamsii*

接骨木属 *Sambucus*

形态特征 落叶灌木或小乔木，株高为 5 ~ 6 米。老枝呈淡红褐色，具明显的长椭圆形皮孔。羽状复叶。花与叶同出，圆锥形聚伞花序，顶生；花冠为白色或淡黄色。果实为红色，极少果实呈蓝紫黑色，呈卵圆形或近圆形。花期为 4—5 月，果期为 9—10 月。

分布 产于我国黑龙江、吉林、辽宁、河北、山西、陕西、甘肃，山东、江苏、安徽、浙江、福建、河南、湖北、湖南、广东、广西、四川、贵州及云南等地区。

用途 既可用于园林观赏，又可用于庭园栽培。

（莫训强　摄）

加拿大接骨木 *Sambucus canadensis*

接骨木属 *Sambucus*

形态特征 株高为 1.5 ~ 3.6 米，羽状复叶。聚伞花序，小白花密集，花梗为红色。核果为球形，成熟后由紫色变为黑紫色，直径约为 5 毫米。

分布 原产于北美洲大部分地区及墨西哥到巴拿马。

用途 可用于园林、庭园栽培；果实可加工食用。

变种 金叶接骨木（***Sambucus canadensis*** **'Aurea'**）

（莫训强 摄）

皱叶荚蒾 *Viburnum rhytidophyllum*

荚蒾属 *Viburnum*

形态特征 常绿灌木或小乔木，株高达 4 米。叶革质，呈卵状矩圆形至卵状披针形。聚伞花序稠密；花冠为白色，呈辐状；雄蕊高出花冠。果实为红色，后变为黑色，呈宽椭圆形。花期为 4—5 月，果期为 9—10 月。

分布 产于我国陕西南部、湖北西部、四川东部和东南部及贵州；生长于海拔 800 ~ 2 400 米的山坡林或灌丛。

用途 茎皮纤维可用于作麻及制作绳索；可用于观赏。

（刘冰 摄）

荚蒾 *Viburnum dilatatum*

荚蒾属 *Viburnum*

形态特征 落叶灌木，株高为 1.5 ~ 3 米。叶纸质，呈宽倒卵形、倒卵形或宽卵形。复伞形式聚伞花序，花冠为白色，辐状；雄蕊明显高出花冠，花药小，呈乳白色。花期为 5—6 月，果期为 9—11 月。

分布 产于我国河北南部、陕西南部、江苏、安徽、浙江、江西、福建、台湾、河南南部、湖北、湖南、广东北部、广西北部、四川、贵州及云南。

用途 韧皮纤维可制绳和人造棉；种子可制肥皂和润滑油；果既可食，也可酿酒。

（刘冰　摄）

忍冬科 Caprifoliaceae

猬实 *Kolkwitzia amabilis*

猬实属 *Kolkwitzia*

形态特征 多分枝直立灌木，株高达 3 米。幼枝呈红褐色，老枝光滑，茎皮剥落。叶为椭圆形至卵状椭圆形。伞房状聚伞花序，花冠为淡红色。花期为 5—6 月，果期为 8—9 月。

分布 为我国特有品种，已被欧洲广泛引种；产于我国山西、陕西、甘肃、河南、湖北及安徽等地区；生长于海拔 350 ~ 1 340 米的地方。

用途 可用作美丽的观赏植物。

（莫训强　摄）

糯米条 *Abelia chinensis*

糯米条属 *Abelia*

形态特征 落叶多分枝灌木，株高达 2 米。嫩枝纤细，呈红褐色，老枝树皮纵裂。有时叶三枚轮生，呈圆卵形至椭圆状卵形。聚伞花序，生长于小枝上部叶腋，花芳香，花冠呈白色至红色。

分布 广泛分布于我国长江以南各地区；常见于浙江、江西、福建、台湾、湖北、湖南、广东、广西、四川、贵州和云南海拔 170 ~ 1 500 米的山地；长江以北地区仅在公园、庭园及植物园和温室中栽培。

用途 可用作优美的观赏植物。

（莫训强　摄）

六道木 *Zabelia biflora*

六道木属 *Zabelia*

形态特征 落叶灌木，株高为 1 ~ 3 米。叶呈矩圆形至矩圆状披针形，全缘或中部以上羽状浅裂。花单生长于小枝上叶腋；花冠为白色、淡黄色或带浅红色。果实具硬毛。花期为早春，果期为 8—9 月。

分布 分布于我国黄河以北的辽宁、河北、山西等地区；生长于海拔 1 000 ~ 2 000 米的山坡灌丛、林下及沟边；常栽培于庭园。

用途 可用作观赏植物。

（莫训强　摄）

锦带花 *Weigela florida*

锦带花属 *Weigela*

形态特征 落叶灌木，株高达 1 ~ 3 米。叶呈矩圆形、椭圆形至倒卵状椭圆形。花单生或成聚伞状花序，生长于侧生短枝的叶腋或枝顶；花冠呈紫红色或玫瑰红色。种子无翅。花期为 4–6 月。

分布 产于我国黑龙江、吉林、辽宁、内蒙古、山西、陕西、河南、山东北部、江苏北部等地区。

用途 栽培于园林或庭园。

变种 花叶锦带花（*Weigela florida* 'Variegata'）、红王子锦带花（*Weigela florida* 'Red Prince'）。

（莫训强 摄）

朝鲜锦带花 *Weigela coraeensis*

锦带花属 *Weigela*

形态特征 落叶灌木，株高达 1 ~ 3 米。幼枝稍呈四方形；树皮呈灰色。芽顶端尖，常光滑。叶为矩圆形、椭圆形至倒卵状椭圆形。花单生或成聚伞状花序，生长于侧生短枝的叶腋或枝顶；花冠为紫红色或玫瑰红色，内面为浅红色；花药为黄色。

分布 产于我国黑龙江、吉林、辽宁、内蒙古、山西、陕西、河南、山东北部、江苏北部等地区；分布于俄罗斯、朝鲜和日本。

用途 株形优美、花色丰富，适于丛植点缀在花丛、草坪、假山、坡地、湖畔、庭园和公园等处供观赏；也具有药用价值，治疗疟疾、便血、结膜炎、肺热咳嗽、喉烂等疾病效果显著。

（莫训强 摄）

郁香忍冬 *Lonicera fragrantissima*

忍冬属 *Lonicera*

形态特征 半常绿或有时落叶灌木，株高达 2 米。叶厚纸质或带革质，形态变异很大。花先于叶或与叶同时开放，芳香，花冠呈白色或淡红色，雄蕊内藏。果实呈鲜红色，为矩圆形。花期为 2 月中旬至 4 月，果期为 4 月下旬至 5 月。

分布 产于我国河北南部、河南西南部、湖北西部、安徽南部、浙江东部及江西北部；生长于海拔 200 ~ 700 米的山坡灌丛。

用途 枝叶茂盛，花期早而芳香，夏季果红艳，是优美的观赏灌木；适合栽植于庭园、草坪边缘、园路两侧及假山前后；也可用作盆景材料。

（莫训强　李佳侬　摄）

新疆忍冬 *Lonicera tatarica*

忍冬属 *Lonicera*

形态特征 落叶灌木，株高达 3 米。全体近于无毛。叶纸质，呈卵形或卵状矩圆形。总花梗纤细，果实为红色，呈圆形，直径为 5 ~ 6 毫米，双果之一常不发育。花期为 5—6 月，果期为 7—8 月。

分布 产于我国新疆北部；生长于海拔 900 ~ 1 600 米的石质山坡或山沟的林缘和灌丛；栽培于我国黑龙江和辽宁等地区。

用途 可用作观赏植物。

（莫训强　陈小奎　常青　摄）

金银忍冬 *Lonicera maackii*

忍冬属 *Lonicera*

形态特征 落叶灌木，株高达 6 米。茎干直径达 10 厘米。叶纸质，通常呈卵状椭圆形至卵状披针形。花芳香，花冠先为白色，后变成黄色。果实呈暗红色，为圆形。花期为 5—6 月，果期为 8—10 月。

分布 产于我国黑龙江、吉林、辽宁三省的东部，河北，山西南部，陕西，甘肃东南部，山东东部和西南部，江苏，安徽，浙江北部，河南，湖北，湖南西北部和西南部，四川东北部，贵州，云南东部至西北部及西藏。

用途 可用作观赏植物；茎皮可用于人造棉的生产；花可用于提取芳香油；种子榨成的油可用于制作肥皂。

（莫训强　摄）

蓝叶忍冬 *Lonicera korolkowii*

忍冬属 *Lonicera*

形态特征 落叶灌木，株高可达 3 米。茎直立丛生，枝条紧密，皮光滑无毛，常呈紫红色，单叶对生，叶片呈卵形或椭圆形，近革质。花粉为红色，对生于叶腋，芳香。花期为 4—5 月，果期为 9—10 月。

分布 原产于土耳其；栽培于美国；我国的华北、东北均有引种栽培。

用途 叶、花、果可用于观赏；常植于庭园、公园和小区等地方；也可作绿篱的栽植。

（李佳侬　摄）

桔梗科 Campanulaceae

桔梗 *Platycodon grandiflorus*

桔梗属 *Platycodon*

形态特征 茎高为 20 ~ 120 厘米，叶全部轮生，部分轮生至全部互生，叶片呈卵形。花单朵顶生或数朵集成假总状花序，花冠大，呈蓝色或紫色。蒴果为球状。花期为 7—9 月。

分布 产于我国东北、华北、华东、华中、广东、广西、贵州、云南东南部、四川和陕西；分布于朝鲜、日本、俄罗斯远东地区和伯利亚地区的南部；生长于海拔 2 000 米以下的阳处草丛、灌丛；少生长于林下。

用途 根含桔梗皂苷，可作药用。

（莫训强　摄）

菊科 Asteraceae

马兰 *Aster indica*

紫菀属 *Aster*

形态特征 叶条状，呈披针形，下部及中部叶有浅齿，近无毛。茎常多分枝，总苞片呈倒卵状矩圆形。

分布 分布于我国江苏、江西、河南及山西南部。

用途 既可用于园林观赏，又可作药用。

（莫训强　摄）

联毛紫菀 *Symphyotrichum novi-belgli*

联毛紫菀属 *Symphyotrichum*

形态特征 多年生宿根草本植物，株高可达 100 厘米。全株被粗毛，叶片呈狭披针形至线状披针形，头状花序伞房状着生，花较小，舌状花，为淡蓝紫色或白色，总苞片为线形。花期为 8—10 月。

分布 原产于北美洲和北半球的温带地区；广泛栽培于我国各地区。

用途 花繁色艳，自然成形，盛花时节又正值国庆节前后，既多用作花坛、花境材料，也可于片植、丛植或用作盆花或切花。

（莫训强　摄）

一年蓬 *Erigeron annuus*

飞蓬属 *Erigeron*

形态特征 一年生或二年生草本。茎粗壮，高为 30 ~ 100 厘米，下部叶叶柄较短，中部和上部叶较小，呈长圆状披针形或披针形。头状花序，草质呈披针形。花期为 6—9 月。

分布 原产于北美洲，在我国已驯化；广泛分布于我国吉林、河北、河南、山东、江苏、安徽、江西、福建、湖南、湖北、四川和西藏等地区；常生长于路边、旷野或山坡荒地。

用途 全草可入药，有治疟之功效。

（莫训强　摄）

飞蓬 *Erigeron acris*

飞蓬属 *Erigeron*

形态特征 茎单生，叶片呈披针形。花呈淡红紫色或白色，种子上有冠毛。花期为7—9月。

分布 主要分布于我国东北、内蒙古、河北、山西、陕西、甘肃、宁夏、青海、新疆、四川和西藏等地区；也分布于蒙古国、日本以及欧洲、北美洲。

用途 常见的野草，具有一定的药用价值；在中国文学中，飞蓬一词有“野外飘零、身不由己”的象征意义。

（莫训强　摄）

小蓬草 *Erigeron canadensis*

飞蓬属 *Erigeron*

形态特征 一年生草本。根呈纺锤状，具纤维状根。茎直立，高为50 ~ 100厘米或更高。叶密集，呈线状披针形或线形。雌花多数，呈舌状，为白色；两性花淡，为黄色。花期为5—9月。

分布 广泛分布于我国南北各地区和世界其他各地区；原产于北美洲；常生长于旷野、荒地、田边和路旁。

用途 嫩茎、叶可作猪饲料；全草可入药；新鲜的植株常被用作止血药。

（莫训强　摄）

香丝草 *Erigeron bonariensis*

飞蓬属 *Erigeron*

形态特征 一年生或二年生草本，具纤维状根。茎直立或斜升，高为 20 ~ 50 厘米。叶密集，头状花序多数，花序梗长为 10 ~ 15 毫米；雌花多层，为白色。花期为 5—10 月。

分布 产于我国中部、东部、南部至西南部各地区；原产于南美洲；现在广泛分布于热带及亚热带地区；常生长于荒地，田边、路旁。

用途 全草可入药，用于治疗感冒、疟疾、急性关节炎及外伤出血等病症。

（莫训强 摄）

百日菊 *Zinnia elegans*

百日菊属 *Zinnia*

形态特征 一年生草本。茎直立，高为 30 ~ 100 厘米，被糙毛或长硬毛。叶呈宽卵圆形或长圆状椭圆形。头状花序，单生于枝端，舌状花为深红色、玫瑰色、紫堇色或白色，舌片呈倒卵圆形。花期为 6—9 月，果期为 7—10 月。

分布 原产于墨西哥；我国云南、四川西南部引种栽培；现广泛栽培于我国各地区，有野生。

用途 有单瓣、重瓣、卷叶、皱叶和各种不同颜色的园艺品种，可用作观赏植物；广泛用于花坛、盆栽等。

（莫训强 摄）

金光菊 *Rudbeckia laciniata*

金光菊属 *Rudbeckia*

形态特征 多年生草本，株高为 50 ~ 200 厘米。茎上部有分枝，无毛或稍有短糙毛。叶互生，无毛或被疏短毛。头状花序，单生于枝端，具长花序梗。舌状花为金黄色；舌片呈倒披针形；管状花为黄色或黄绿色。瘦果无毛。花期为 7—10 月。

分布 原产于北美洲，性喜通风良好、阳光充足的环境，对土壤要求不严，但忌水湿。

用途 株形较大，盛花期花朵繁多，开花观赏期长达半年之久，落叶期短，因而适合公园、机关、学校、庭园等场所的布置；既可用作花坛，花境材料，如切花、瓶插，也可用于布置草坪边缘，成为自然式栽植。

（刘冰　摄）

黑心菊 *Rudbeckia hirta*

金光菊属 *Rudbeckia*

形态特征 一年或二年生草本，株高为 30 ~ 100 厘米。全株被粗刺毛。下部叶长呈卵圆形，顶端尖或渐尖。头状花序，舌状花为鲜黄色；舌片呈长圆形，管状花呈暗褐色或暗紫色。瘦果为四菱形，呈黑褐色。

分布 原产于北美洲；广泛种植于世界各地；常见于我国各地的庭园。

用途 可用于栽培观赏植物。

（莫训强　摄）

金鸡菊 *Coreopsis basalis*

金鸡菊属 *Coreopsis*

形态特征 一年生或二年生草本植物，株高可达 60 厘米。叶片呈羽状分裂，裂片呈圆卵形至长圆形。头状花序，单生于枝端，外层总苞片与内层近等长，舌状花为黄色，基部为紫褐色，管状为黑紫色。花期为 7—9 月。

分布 原产于北美洲；常见于我国各地区。

用途 可用作观赏草花。

（莫训强　摄）

剑叶金鸡菊 *Coreopsis lanceolata*

金鸡菊属 *Coreopsis*

形态特征 多年生草本，株高为 30 ~ 70 厘米。茎直立，上部有分枝。叶较少数，在茎基部成对簇生。头状花序单生于茎端。舌状花为黄色，舌片呈倒卵形或楔形，管状花呈狭钟形，瘦果呈圆形或椭圆形。花期为 5—9 月。

分布 原产于北美洲；常栽培于我国各地区的庭园。

用途 可用作观赏草花。

（郭喜东　林政因　摄）

两色金鸡菊 *Coreopsis tinctoria*

金鸡菊属 *Coreopsis*

形态特征 一年生草本，无毛，株高为 30 ~ 100 厘米。茎直立，上部有分枝。叶对生，二次羽状全裂。头状花序多数，舌状花为黄色，舌片呈倒卵形，管状花为红褐色，呈狭钟形。花期为 5—9 月，果期为 8—10 月。

分布 原产于北美洲；常见栽培于我国各地区。

用途 可用作观赏草花。

（莫训强 摄）

婆婆针 *Bidens bipinnata*

鬼针草属 *Bidens*

形态特征 一年生草本，株高为 30 ~ 120 厘米。茎直立，下部略具四棱。叶对生，二回羽状分裂。头状花序。舌状花通常为 1 ~ 3 朵，舌片呈黄色，为椭圆形或倒卵状披针形。

分布 产于我国东北、华北、华中、华东、华南、西南等地区；广泛分布于美洲、亚洲、欧洲及非洲东部。

用途 全草可入药。

（莫训强 摄）

牛膝菊 *Galinsoga parviflora*

牛膝菊属 *Galinsoga*

形态特征 一年生草本，株高为 10 ~ 80 厘米。头状花序，呈半球形，有长花梗；总苞呈半球形或宽钟状，总苞片 1 ~ 2 层，约 5 个，外层短，内层呈卵形或卵圆形，为白色，膜质；舌状花 4 ~ 5 个，舌片为白色，管状花花冠呈白色。花果期为 7—10 月。

分布 原产于南美洲；分布于我国四川、云南、贵州、西藏等地区。

用途 全草可入药，对外伤出血、扁桃体炎、咽喉炎、急性黄疸型肝炎有一定的疗效，有止血、消炎之功效。

（莫训强　摄）

万寿菊 *Tagetes erecta*

万寿菊属 *Tagetes*

形态特征 一年生草本。茎直立，分枝斜开展。叶呈羽状分裂。头状花序，单生，舌状花呈金黄色或橙色，管状花花冠，呈黄色，花期为 7—9 月。

分布 原产于墨西哥；广泛栽培于我国各地区；在四川中部、西南部和云南中部、西北部以及贵州西部均已归化。

用途 可用作观赏草花。

（莫训强　摄）

天人菊 *Gaillardia pulchella*

天人菊属 *Gaillardia*

形态特征　一年生草本，株高为 20 ~ 60 厘米。茎中部以上多为分枝。下部叶呈匙形或倒披针形。头状花序直径为 5 厘米，舌状花呈黄色，基部带紫色，舌片呈宽楔形。花果期为 6–8 月。

分布　原产于美洲的热带地区；分布于我国各地区。

用途　可用作观赏草花。

（莫训强　常青　摄）

大滨菊 *Leucanthemum maximum*

滨菊属 *Leucanthemum*

形态特征　多年生或二年生草本植物，株高可达 70 厘米。全株光滑无毛。茎直立，叶片互生，长呈倒披针形，头状花序，单生于枝端，舌状花呈白色，花果期为 7–9 月。

分布　原产于欧洲；中国引种栽培。

用途　可用作观赏草花。

（莫训强　摄）

青蒿 *Artemisia caruifolia*

蒿属 *Artemisia*

形态特征 一年生草本，株高可达 150 厘米。植株有香气。主根单一，垂茎单生，叶片两面呈青绿色或淡绿色。头状花序为半球形或近半球形，花冠为狭管状。花果期为 6—9 月。

分布 分布于中国、朝鲜、日本、越南、缅甸、印度及尼泊尔等地区。

用途 可作药用。

（莫训强　摄）

艾 *Artemisia argyi*

蒿属 *Artemisia*

形态特征 多年生草本。略成半灌木状，植株有浓烈香气。茎单生或少数，叶厚纸质。头状花序，呈椭圆形，花冠为紫色，花柱细长。花果期为 7—10 月。

分布 广泛分布于除极干旱与高寒地区外的我国其他各地区。

用途 可作食用或药用。

（莫训强　摄）

蒌蒿 *Artemisia selengensis*

蒿属 *Artemisia*

形态特征 多年生草本。植株具清香气味。叶纸质或薄纸质。头状花序多数，呈长圆形或宽卵形。两性花 10 ~ 15 朵，花冠呈管状，花药呈线形。花果期为 7—10 月。

分布 产于我国黑龙江、吉林、辽宁、内蒙古、河北、山西、陕西、甘肃、山东、江苏、安徽、江西、河南、湖北、湖南、广东、四川、云南及贵州等地区；生长于水中和湿润的疏林。

用途 全草可入药。

（莫训强 摄）

牛尾蒿 *Artemisia dubia*

蒿属 *Artemisia*

形态特征 半灌木状草本，主根木质。茎多数或少数，丛生，直立或斜向上。叶厚纸质或纸质，叶面微有短柔毛。头状花序多数，花冠呈管状，花药呈线形。花果期为 8—10 月。

分布 产于我国内蒙古、甘肃、四川、云南和西藏。

用途 可入药，有清热、解毒、消炎和杀虫之功效。

（莫训强 摄）

银叶菊 *Jacobaea maritima*

疆千里光属 *Jacobaea*

形态特征 多年生草本植物。全株终身银白色，正被面均有绒毛，分支性强，丛生状，叶片质较薄，缺裂，如雪花，头状花序，单生于枝顶，花小，呈黄色。花期为6—9月。

分布 原产于地中海地区；在我国长江流域栽培能露地越冬。

用途 纯色花卉，可配置栽植，效果佳，是重要的花坛观叶植物。

（莫训强　摄）

蓟 *Cirsium japonicum*

蓟属 *Cirsium*

形态特征 多年生草本。茎直立，全部茎枝有条棱。头状花序，直立，小花呈红色或紫色，冠毛呈浅褐色，多层。花果期为4—11月。

分布 广泛分布于我国河北、山东、陕西、江苏、浙江、江西、湖南、湖北、四川、贵州、云南、广西、广东、福建和台湾。

用途 可作食用和药用。

（刘冰　摄）

刺儿菜 *Cirsium arvense* var. *integrifolium*

蓟属 *Cirsium*

形态特征 多年生草本。茎直立，花序分枝无毛或有薄绒毛。头状花序，单生于茎端，小花呈紫红色或白色。瘦果呈淡黄色。花果期为5—9月。

分布 广泛分布于除西藏、云南、广东、广西以外的我国其他地区；也分布于欧洲东部、中部，俄罗斯东、西西伯利亚及远东地区以及蒙古国、朝鲜、日本。

用途 可作食用和药用。

（莫训强 摄）

泥胡菜 *Hemisteptia lyrata*

泥胡菜属 *Hemisteptia*

形态特征 一年生草本植物，株高可达100厘米。茎单生，通常纤细，全部叶大头羽状深裂或几全裂。头状花序，小花为紫色或红色，花冠裂片呈线形。花果期为3—8月。

分布 广泛分布于除新疆、西藏以外的我国其他各地区；也分布于朝鲜、日本、澳大利亚以及中南半岛、南亚。

用途 可作食用和药用。

（莫训强 摄）

续断菊 *Sonchus asper*

苦苣菜属 *Sonchus*

形态特征 一年生草本。根呈倒圆锥状，茎单生或少数茎成簇生，直立。中下部茎叶呈长椭圆形、倒卵形、匙状或匙状椭圆形。头状花序，总苞片覆瓦状排列，草质。舌状小花呈黄色。花果期为 5—10 月。

分布 分布于我国新疆、山东、江苏、安徽、江西、湖北、四川、云南和西藏。

用途 可作食用和药用。

（莫训强　摄）

苦苣菜 *Sonchus oleraceus*

苦苣菜属 *Sonchus*

形态特征 一年生或二年生草本，株高为 40 ~ 150 厘米。茎直立，单生，有纵条棱或条纹。头状花序，呈排紧密的伞房花序、总状花序或单生于茎枝顶端。舌状小花多数，呈黄色。花果期为 5—12 月。

分布 分布于我国陕西、宁夏、新疆、福建、湖北、湖南、广西、四川、云南、贵州和西藏。

用途 可作食用和药用。

（莫训强　摄）

苣荬菜 *Sonchus wightianus*

苦苣菜属 *Sonchus*

形态特征 多年生草本，株高为 30 ~ 150 厘米。茎直立，有细条纹，上部或顶部有伞房状花序分枝。头状花序在茎枝顶端排成伞房状花序。舌状小花多数，呈黄色。花果期为 1—9 月。

分布 分布于我国陕西、宁夏、新疆、福建、湖北、湖南、广西、四川、云南、贵州和西藏。

用途 可作食用和药用。

（莫训强 摄）

山莴苣 *Lactuca sibirica*

莴苣属 *Lactuca*

形态特征 多年生草本，株高为 50 ~ 130 厘米。根垂直直伸。茎直立，通常单生，常呈淡红紫色，上部为伞房状或伞房圆锥状花序分枝。头状花序含舌状小花约 20 枚，多数舌状小花在茎枝顶端排成伞房花序或伞房圆锥花序；总苞片 3 ~ 4 层，排列为不成明显的覆瓦状，通常呈淡紫红色。舌状小花为蓝色或蓝紫色。花果期为 7—9 月。

分布 分布于我国黑龙江、吉林、辽宁、内蒙古（呼伦贝尔市、通辽市、昭乌达盟、锡林郭勒盟、大青山）、河北、山西、陕西、甘肃、青海、新疆；也分布于俄罗斯（欧洲部分、西伯利亚、远东地区）、日本、蒙古国以及欧洲其他国家。

用途 可作为观赏蔬菜，广泛用于园林绿化；也可作食用和药用。

（莫训强 摄）

翅果菊 *Lactuca indica*

莴苣属 *Lactuca*

形态特征 多年生草本，株高为0.6～2米。根粗厚，分枝呈萝卜状。茎单生，直立，全部茎枝无毛。头状花序多数，在茎枝顶端排成圆锥花序，含舌状小花21枚，呈黄色。花果期为7—10月。

分布 分布于我国北京、黑龙江、吉林、河北、陕西、山东、江苏、安徽、浙江、江西、福建、河南、湖南、广东、四川和云南；也分布于朝鲜和日本。

用途 既可作食用和药用，也可用作家禽饲料。

（莫训强　摄）

黄鹌菜 *Youngia japonica*

黄鹌菜属 *Youngia*

形态特征 一年生草本，株高为10～100厘米。茎直立，单生或少数茎成簇生，全部叶及叶柄被皱波状长或短柔毛。在茎枝顶端排成伞房花序，含舌状小花10～20枚。花果期为4—10月。

分布 分布于我国北京、黑龙江、吉林、河北、陕西、山东、江苏、安徽、浙江、江西、福建、河南、湖南、广东、四川和云南；也分布于朝鲜和日本。

用途 可作食用和药用。

（莫训强　摄）

尖裂假还阳参 *Crepidiastrum sonchifolium*

假还阳参属 *Crepidiastrum*

形态特征 一年生草本，株高为 100 厘米。茎直立，单生，上部为伞房花序状分枝，全部茎枝无毛。头状花序多数，在茎枝顶端排伞房状花序，含舌状小花 15 ~ 19 枚，呈黄色。花果期为 5—9 月。

分布 分布于我国黑龙江、吉林、河北、山东和河南；也分布于俄罗斯远东地区以及朝鲜。

用途 可作食用和药用。

（莫训强 摄）

苦荬菜 *Ixeris polycephala*

苦荬菜属 *Ixeris*

形态特征 一年生草本，株高为 10 ~ 80 厘米。根垂直直伸，生多数须根。茎直立，上部为伞房花序状分枝，全部叶两面无毛，边缘全缘。头状花序多数，含舌状小花，呈黄色，极少呈白色。花果期为 3—6 月。

分布 分布于我国陕西、江苏、浙江、福建、安徽、台湾、江西、湖南、广东、广西、贵州、四川和云南；也分布于中南半岛以及尼泊尔、印度和日本。

用途 可作食用和药用。

（莫训强 摄）

中华苦荬菜 *Ixeris chinensis*

苦荬菜属 *Ixeris*

形态特征 多年生草本，株高为 5 ~ 47 厘米。根垂直直伸、不分枝。茎直立单生或少数簇生。头状花序多数，在茎枝顶端排成伞房状花序，含舌状小花 21 ~ 25 枚，呈黄色。花果期为 1—10 月。

分布 分布于我国黑龙江、河北、山西、陕西、山东和江苏等地区；也分布俄罗斯、日本和朝鲜；常生长于山坡路旁、田野、河边灌丛或岩石缝隙。

用途 可作食用和药用。

（莫训强　摄）

蒲公英 *Taraxacum mongolicum*

蒲公英属 *Taraxacum*

形态特征 多年生草本。叶呈倒卵状披针形、倒披针形或长圆状披针形；头状花序，舌状花，呈黄色，边缘花舌片背面具紫红色条纹。瘦果呈倒卵状披针形，冠毛为白色。花期为 4—9 月，果期为 5—10 月。

分布 分布于我国大部分地区；也分布于朝鲜、蒙古国、俄罗斯；广泛生长于中低海拔地区。

用途 全草可作药用，有清热解毒、消肿散结之功效。

（莫训强　摄）

鸟类篇

鸟纲 AVES

雁形目 Anseriformes

绿头鸭 *Anas platyrhynchos*

鸭科 *Anatidae*

形态特征 大型鸭类，雄鸟嘴呈黄绿色，脚呈橙黄色，头、颈为绿色，具有辉亮的金属光泽，颈基有一个白色领环。胸呈栗色，翅、两胁和腹部为灰白色，具有紫蓝色翼镜，翼镜上下边缘为白色。中央尾羽呈黑色，且向上卷曲，外侧尾羽为白色。雌鸟为棕黄色，具有褐色斑纹，嘴为橙色，杂有黑斑，贯眼纹呈黑褐色。

生活习性 系杂食性鸟类，主要栖息于水生植物丰富的湖泊、河流、池塘、沼泽等水域；营巢于水域岸边的草丛、倒木的凹坑处以及蒲草等多样的环境；北京地区为留鸟；除繁殖期外，以数十、数百只集群形式活动。

（陈炜　郝建国　摄）

鸽形目 Columbiformes

珠颈斑鸠 *Streptopelia chinensis*

鸠鸽科 *Columbidae*

形态特征 中型鸟类，头为鸽灰色，上体大多呈褐色，下体呈粉色，后颈有宽阔的黑色，布满以白色细小斑点形成的领斑。尾甚长，外侧尾羽呈黑褐色，末端为白色。嘴为暗褐色，脚为红色。

生活习性 栖息于有稀疏树木生长的平原、草地、低山丘陵和农田地带；常出现于村庄附近；常以小群形式活动；主要以植物种子为食；营巢于小树枝杈上、矮树丛、灌木丛以及山边岩石缝隙；北京地区为留鸟。

（陈炜　摄）

夜鹰目 Caprimulgiformes

普通雨燕 *Apus apus*

雨燕科 *Apodidae*

形态特征 大型雨燕，两翅狭长呈镰刀状，尾呈叉状。除颏、喉为灰白色以外，通体为黑褐色。

生活习性 雏鸟晚成性；栖息于森林、平原、荒野、海岸、城镇等各类生境；营巢于高大的古建筑物，宝塔、庙宇、宫殿的天花板、横梁和墙壁洞穴；筑巢于高架桥下；白天常成群在空中飞翔捕食，主要以飞行性昆虫为食；北京地区为夏候鸟。

（陈炜　摄）

鹰形目 Accipitriformes

白腹鹞 *Circus spilonotus*

鹰科 *Accipitridae*

形态特征 中型猛禽，雄鸟头顶至上背白色。上体呈黑褐色，具灰白色斑点，外侧覆羽和飞羽呈银灰色，初级飞羽为黑色，尾上覆羽呈白色，尾呈银灰色，外侧尾羽内翈为白色。下体近白色，喉和胸具黑褐色纵纹。雌鸟呈暗褐色，头顶至后颈皮呈黄白色，具锈色纵纹。飞羽呈暗褐色，外侧尾羽内翈呈肉桂色。

生活习性 雏鸟晚成性；栖息和活动于沼泽、芦苇塘、江河与湖泊沿岸等较潮湿而开阔的地方；营巢于地上的芦苇丛；偶尔也营巢于灌丛；常单独或成对活动；白天觅食，主要以小型鸟类、啮齿类、蛙类、蜥蜴类、小型蛇类和大型昆虫为食；北京地区为旅鸟和夏候鸟。

（莫训强　摄）

犀鸟目 Bucerotiformes

戴胜 *Upupa epops*

戴胜科 *Upupidae*

形态特征 中型鸟类，嘴细长而微向下弯曲。头上具沙粉红色的长扇形羽冠，有黑色端斑和白色次端斑。翅短圆，具粗著黑白相间的横斑。飞行时两翅扇动，沉重而缓慢，飞行略呈波浪形。

生活习性 雏鸟晚成性；栖息于山地、平原、森林、林缘、路边、河谷、农田、草地、村屯和果园等开阔地方，尤其以林缘、耕地的生境较为常见；常营巢于林缘或林中道路两边的天然树洞或啄木鸟弃洞；多单独或成对在地面觅食，主要以直翅目、膜翅目等昆虫和幼虫为食；北京地区为留鸟。

（陈炜　摄）

啄木鸟目 Piciformes

星头啄木鸟 *Dendrocopos canicapillus*

啄木鸟科 *Picidae*

形态特征 小型啄木鸟，额至头顶呈灰色或灰褐色，宽阔的白色眉纹自眼后延伸至颈侧。雄鸟枕部两侧各有一块深红色斑，上体为黑色，下背至腰和两翅呈黑白斑杂状，下体具粗著的黑色纵纹。

生活习性 雏鸟晚成性；主要栖息于山地和平原阔叶林、针阔叶混交林；也出现于杂木林和次生林，甚至出现于村边和耕地的零星乔木上；营巢于心材腐朽的树干，巢位较高；常单独或成对活动；多在树上部活动取食，主要以天牛、蠹虫、蚂蚁、蝽象、金花虫、甲虫及其他鞘翅目和鳞翅目昆虫为食，偶尔也以植物果实和种子为食；北京地区为留鸟。

（陈炜　郝建国　摄）

大斑啄木鸟 ***Dendrocopos major*** 啄木鸟科 *Picidae*

形态特征 中型啄木鸟，上体主要为黑色，额、颊和耳羽为白色，肩和翅上各有一块大的白斑，下腹和尾下覆羽为鲜红色。雄鸟枕部呈红色。

生活习性 雏鸟晚成性；栖息于山地和平原针叶林、针阔叶混交林和阔叶林，尤以混交林和阔叶林较多；也出现于林缘、次生林和农田地边的疏林及灌丛地带；营巢于树洞；常单独或成对活动；主要以甲虫、蠹虫、蝗虫、吉丁虫、天牛幼虫、蚁科、蚊科等昆虫及幼虫为食，也以蜗牛、蜘蛛等小型无脊椎动物为食，偶尔也吃橡实、松子、稠李和草籽等植物性食物；北京地区为留鸟。

（莫训强　黄越　摄）

隼形目 Falconiformes

红隼 ***Falco tinnunculus*** 隼科 *Falconidae*

形态特征 小型猛禽，脚、趾呈黄色，爪呈黑色。雄鸟头呈蓝灰色，背和翅上覆羽呈砖红色，具三角形黑斑。腰、尾上覆羽和尾羽呈蓝灰色，尾具宽阔的黑色次端斑和白色端斑，眼下有一条垂直向下的黑色髭纹。下体颏、喉呈乳白色或棕白色，其余下体呈乳黄色或棕黄色，具有黑褐色纵纹和斑点。雌鸟上体从头至尾呈红棕色，具黑褐色纵纹和横斑。除喉外，下体呈乳黄色，均被黑褐色纵纹和斑点，具黑色眼下纹。翅狭长而尖。

生活习性 雏鸟晚成性；栖息于山地森林、低山丘陵、草原、旷野、森林平原、农田和村屯附近等各类生境；营巢于悬崖、山坡、岩石缝隙、土洞、树洞和喜鹊、乌鸦以及其他鸟类的树上旧巢；白天觅食，主要以蝗虫等昆虫为食，也以鼠类、雀形目鸟类、蛙等小型脊椎动物为食；北京地区为留鸟。

（莫训强　摄）

红脚隼 *Falco amurensis*

隼科 *Falconidae*

形态特征 小型猛禽，雄鸟通体呈暗灰黑色，尾和翅呈灰色，无横斑，尾下覆羽和覆腿羽呈橙棕栗色，腋羽和翼下覆羽为纯白色，眼周、蜡膜和脚呈红色。雌鸟上体呈暗灰色，具黑色横斑。颏、喉和侧颈呈乳白色，眼下有黑斑，其余下体呈乳白色，胸具黑褐色纵纹，腹具黑褐色横斑，翅下覆羽和腋羽为白色，具黑色斑点和横斑。

生活习性 雏鸟晚成性；栖息于低山疏林、林缘、山脚平原和丘陵地区的沼泽、草地、河流、山谷和农田等开阔地区。营巢于树林高大乔木的顶端，有时也侵占喜鹊等其他鸟类的巢；通常单独活动；既以蝗虫、蚂蚱、蝼蛄、螽斯等昆虫为食，也以小鸟、蜥蜴和鼠类等小型脊椎动物为食；北京地区为旅鸟。

（莫训强　摄）

燕隼 *Falco subbuteo*

隼科 *Falconidae*

形态特征 小型猛禽，上体呈暗蓝灰色，眼周呈黄色，有一条细的白色眉纹，颊有一个垂直向下的黑色髭纹，颈侧、喉、胸、腹呈白色；胸腹有黑色纵纹，下腹至尾下覆羽和覆腿羽呈棕栗色，脚为黄色。飞翔时，翅狭长而尖，镰刀状，翼下为白色，密布黑褐色横斑；翅褶合时，翅尖几达尾端。

生活习性 雏鸟晚成性；栖息和活动于有稀疏树木生长的开阔平原、旷野、耕地、海岸、疏林和林缘地带或村屯附近；营巢于疏林或林缘和田间高大的乔木，常侵占乌鸦和喜鹊的巢；常单独或成对活动；黄昏捕食频繁，主要以雀形目小鸟为食，也大量捕食蜻蜓、蟋蟀、蝗虫、天牛、金龟子等昆虫；北京地区为夏候鸟。

（莫训强　摄）

雀形目 Passeriformes

黑枕黄鹂 *Oriolus chinensis*

黄鹂科 *Oriolidae*

形态特征 中型鸟类，通体呈金黄色，两翅和尾为黑色。头枕部有一块宽阔的黑色带斑，并向两侧延伸，与黑色贯眼纹相连。

生活习性 主要栖息于低山丘陵和山脚平原地带的天然次生阔叶林、混交林；也出入于农田、原野、村寨附近和城市公园，尤其喜欢天然栎树林和杨木林；营巢于阔叶林内高大的乔木；常单独或成对活动，有时也成 3 ~ 5 只的松散群；主要以鞘翅目、鳞翅目、尺蠖蛾科幼虫、螽斯科、蝗科、夜蛾科幼虫、枯叶蛾科幼虫、斑蛾科幼虫、蝶类幼虫、毛虫、蟋蟀、螳螂等昆虫为食，也以少量果实和种子为食；北京地区为夏候鸟。

（陈炜　摄）

红尾伯劳 *Lanius cristatus*

伯劳科 *Laniidae*

形态特征 中型伯劳，上体呈棕褐色或灰褐色，两翅为黑褐色，头顶呈灰色或红棕色，具白色眉纹和粗著的黑色贯眼纹。尾上覆羽为红棕色，尾羽为棕褐色，尾呈楔形。颏、喉呈白色，其余下体呈棕白色。

生活习性 主要栖息于低山丘陵和山脚平原地带的灌丛、疏林和林缘地带，尤其以稀矮树木和灌丛生长的开阔旷野、河谷、湖畔、路旁和田边地头较为常见；也栖息于草甸灌丛、山地阔叶林和针阔叶混交林的林缘、灌丛及其附近的小块次生杨林、桦林；营巢于低山丘陵的小块次生杨林、桦林、人工落叶松、杂木林、林缘和灌丛；常单独或成对活动；主要以昆虫等动物性食物为食；北京地区为夏候鸟。

（陈炜　郝建国　摄）

灰喜鹊 *Cyanopica cyana*

鸦科 *Corvidae*

形态特征 中型鸦科鸟类，嘴、脚呈黑色，额至后颈呈黑色，背呈灰色，两翅和尾为灰蓝色，初级飞羽外翈端部为白色。尾长，呈凸状，具白色端斑，下体呈灰白色。

生活习性 雏鸟晚成性；主要栖息于低山丘陵和山脚平原地区的次生林和人工林；也见于田边、地头、路边和村屯附近的小块林，以在城市公园中常见；多营巢于次生林和人工林；也营巢于村镇附近和路边的人行道树，有利用旧巢的习性，有时也用乌鸦废弃的旧巢；除繁殖期成对活动以外，其他季节多以小群形式活动，有时成多达数十只的大群形式活动；主要以金龟子、金针虫、蝽象、步行虫、天蛾、舟蛾、枯叶蛾、蜂、蝇、蚂蚁、松毛虫等昆虫为食，也以植物果实、种子等植物性食物为食；北京地区为留鸟。

（莫训强　陈炜　郝建国　摄）

喜鹊 *Pica pica*

鸦科 *Corvidae*

形态特征 大中型鸦科鸟类，头、颈、胸和上体呈黑色，头、颈带蓝紫色的金属光泽，背沾蓝绿色的金属光泽，腹为白色，翅上有一块大型白斑。

生活习性 雏鸟晚成性；主要栖息于平原、丘陵和低山地区，尤其以山麓、林缘、农田、村庄、城市公园等人类居住环境附近较为常见；营巢于松树、杨树等高大乔木；常以3 ~ 5只的小群形式活动；食性较杂；北京地区为留鸟。

（莫训强　陈炜　摄）

小嘴乌鸦 *Corvus corone*

鸦科 *Corvidae*

形态特征 大中型鸦科鸟类，外形和羽色与大嘴乌鸦相似，体形略小，嘴较细短，嘴峰较直、弯曲小，额不外突。通体呈黑色，具有紫蓝色的金属光泽。

生活习性 雏鸟晚成性；主要栖息于低山丘陵和平原地区的疏林及林缘地带；除繁殖期单独或成对活动以外，其他时期也少成群或集群不大；杂食性，主要以昆虫和植物果实和种子为食，也以腐虫、动物尸体和农作物等为食；北京地区为旅鸟。

（莫训强　摄）

大嘴乌鸦 *Corvus macrorhynchos*

鸦科 *Corvidae*

形态特征 大型鸦科鸟类，通体呈黑色，具有紫绿色的金属光泽。嘴粗大，嘴峰弯曲，峰嵴明显，嘴基有长羽，伸至鼻孔处。额较陡突。尾长成楔状。后颈羽毛柔软松散。

生活习性 雏鸟晚成性；主要栖息于低山、平原和山地阔叶林、针阔叶混交林、针叶林、次生杂木林和人工林等各类森林，尤其以疏林和林缘地带较为常见；营巢于高大乔木的顶部枝杈；喜欢在地面活动；常成群活动；杂食性，以昆虫、植物、雏鸟、腐肉等为食；北京地区为留鸟。

（莫训强　陈炜　摄）

黄腹山雀 *Pardaliparus venustulus*

山雀科 *Paridae*

形态特征 中小型山雀，雄鸟头和上背呈黑色，脸颊和后颈各具一块白色块斑。下背、腰呈蓝灰色，翅上覆羽呈黑褐色，中覆羽和大覆羽具黄白色端斑，在翅上形成两道翅斑，飞羽呈暗褐色，羽缘呈灰绿色。尾呈黑色，外侧一对尾羽，大部分为白色，颏至上胸为黑色，下胸至尾下覆羽呈黄色。雌鸟上体呈灰绿色，颏、喉、颊和耳羽呈灰白色，其余下体呈淡黄绿色。

生活习性 主要栖息于海拔 2 000 米以下的山地树林，冬季下到低山和山脚平原地带的次生林、人工林、林缘、疏林及灌丛地带；营巢于天然树洞；除繁殖期成对或单独活动以外，其他时间以 10 ~ 30 只的群体形式活动；主要以直翅目、半翅目、鳞翅目、鞘翅目等昆虫为食，也以植物果实和种子等植物性食物为食；北京地区为留鸟。

（莫训强　黄越　摄）

家燕 *Hirundo rustica*

燕科 *Hirundinidae*

形态特征 中型燕类，上体呈蓝黑色，有光泽。颏、喉和上胸呈栗色，下胸和腹呈白色。尾长呈深叉状。

生活习性 雏鸟晚成性；喜欢栖息于村屯中的房顶、电线以及附近的河滩和田野；营巢于房舍内外的墙壁上、屋椽下或横梁上，有用旧巢的习性；常成对或成群活动；主要以双翅目、鳞翅目、膜翅目等昆虫为食；北京地区为夏候鸟。

（莫训强　郝建国　摄）

金腰燕 *Cecropis daurica*

燕科 *Hirundinidae*

形态特征 中型燕类，上体呈蓝黑色而具有金属光泽，腰有棕栗色横带。下体呈棕白色，具有黑色纵纹。尾长呈深叉状。

生活习性 雏鸟晚成性；主要栖息于低山丘陵和平原地区的村庄、城镇等居民住宅区；营巢于房屋等建筑物、屋檐、天花板或房梁，喜欢使用旧巢；常成群活动，主要以昆虫为食，且以飞行性昆虫为主；北京地区为夏候鸟。

（莫训强　摄）

白头鹎 *Pycnonotus sinensis*

鹎科 *Pycnonotidae*

形态特征 中型鹎类，额至头顶呈黑色，两眼上方至后枕呈白色，形成一个白色枕环。耳羽后部有一块白斑。上体呈灰褐或橄榄灰色，具黄绿色羽缘。颏、喉呈白色，胸呈灰褐色，以形成不明显的宽阔胸带。腹呈白色，具黄绿色纵纹。

生活习性 主要栖息于海拔 1 000 米以下低山丘陵和平原地区的灌丛、草地、有零星树木的疏林、荒坡、果园、村落、农田地边的灌丛、次生林和竹林；也见于山脚和低山地区的阔叶林、针阔叶混交林和针叶林及其林缘地带；营巢于灌木或阔叶树；常以 3 ~ 5 只至 10 只的小群形式活动；杂食性，主要以金龟甲、步行虫、金花甲、鼻甲、夜蛾、瓢虫、蝗虫、虻、蜂、蝇、蚊、蚂蚁、长角萤、蝉等鞘翅目、鳞翅目、直翅目、半翅目等昆虫和幼虫以及无脊椎动物为食，也以植物果实和种子为食；北京地区为留鸟。

（黄越　陈炜　郝建国　摄）

褐柳莺 *Phylloscopus fuscatus*

柳莺科 *Phylloscopidae*

形态特征　中型柳莺类，上体呈橄榄褐色，眉纹呈棕白色，贯眼纹呈暗褐色。颏、喉为白色，其余下体皮为黄色白色沾褐，尤其以两胁和胸较为明显。

生活习性　栖息于从山脚平原到海拔 4 500 米的山地森林和林线以上的高山灌丛地带，尤其喜欢稀疏而开阔的阔叶林、针阔叶混交林和针叶林林缘以及溪流沿岸的疏林与灌丛；营巢于林下或林缘与溪边的灌木丛；常单独或成对活动；主食昆虫，以鞘翅目昆虫居多；北京地区为旅鸟。

（莫训强　陈炜　摄）

黄腰柳莺 *Phylloscopus proregulus*

柳莺科 *Phylloscopidae*

形态特征　小型柳莺类，上体呈橄榄绿色，头顶中央有一个淡黄绿色纵纹，眉纹呈黄绿色。腰为黄色，两翅和尾呈黑褐色，外翈羽缘呈黄绿色，翅上有两道黄白色翼斑。下体呈灰白色。

生活习性　繁殖期主要栖息于针叶林和针阔叶混交林；迁徙季常活动在林缘；营巢于落叶松和云杉等针叶树侧枝；主要以昆虫、幼虫和虫卵为食；北京地区为旅鸟和冬候鸟。

（陈炜　郝建国　摄）

黄眉柳莺 *Phylloscopus inornatus*

柳莺科 *Phylloscopidae*

形态特征 小型柳莺类，上体呈橄榄绿色，眉纹呈淡黄绿色，翅上有两块明显的黄白色翅斑。下体呈白色，胸、两胁和尾下覆羽为黄绿色。

生活习性 主要栖息于山地和平原地带的森林，尤其以针叶林和针阔混交林较为常见；营巢于树上茂密的枝杈间；迁徙季节常成群活动，繁殖期常在树顶部单独或成队活动；主要以昆虫为食；北京地区为旅鸟。

（莫训强　陈炜　摄）

极北柳莺 *Phylloscopus borealis*

柳莺科 *Phylloscopidae*

形态特征 大中型柳莺类，上体呈橄榄灰绿色，眉纹呈黄白色，长而显著。贯眼纹呈暗褐色，两翅和尾呈暗褐色，翅上仅具一块黄白色翅斑。下体呈白色，微沾黄绿色。

生活习性 主要栖息于较潮湿的针叶林和针阔叶混交林及其林缘、灌丛地带；营巢于地上、树桩和倒木；繁殖期常单独或成对活动，迁徙季节则多成群；主要以鞘翅目、鳞翅目等昆虫和昆虫幼虫为食；北京地区为旅鸟。

（莫训强　摄）

暗绿绣眼鸟 *Zosterops japonicus*

绣眼鸟科 *Zosteropidae*

形态特征 小型鸟类，上体呈绿色，眼周有一个白色眼圈。下体呈白色，颏、喉和尾下覆羽为淡黄色。

生活习性 主要栖息于阔叶林和以阔叶树为主的针阔叶混交林、竹林、次生林等各种类型森林；也栖息于田园、林缘以及村寨和地边高大的树上；营巢于阔叶或针叶树及灌木；常单独、成对或成小群活动，迁徙季节多以达 50 ~ 60 只的集群形式活动；主要以鳞翅目成虫和幼虫，金龟甲、金花甲、象甲、叶甲、叩头虫、蝗虫、蟋象、蚜虫、瓢虫、螳螂、蚂蚁等半翅目、膜翅目和直翅目等昆虫为食，也以小型无脊椎动物和植物性食物为食；北京地区为夏候鸟和旅鸟。

（莫训强 摄）

灰椋鸟 *Spodiopsar cineraceus*

椋鸟科 *Sturnidae*

形态特征 大中型椋鸟，体形比北椋鸟大，头顶至后颈呈黑色，额和头顶杂有白色，颊和耳后覆羽为白色，微杂黑色纵纹。上体呈灰褐色，尾上覆羽呈白色。下体颏呈白色，喉、胸、上腹和两胁呈暗灰褐色，腹中部和尾下覆羽呈白色。嘴呈橙红色，尖端为黑色，脚呈橙黄色。

生活习性 主要栖息于低山丘陵和山脚平原地带的树林草甸、河谷阔叶林；散生于有老龄树的林缘、灌丛和次生阔叶林；也栖息于农田、路边和居民点附近的小块丛林；营巢于阔叶树天然树洞、啄木鸟废弃的树洞、水泥电柱顶端的空洞和人工巢箱；多以成群形式活动；主要以昆虫为食，也以少量植物果实与种子为食；北京地区为留鸟。

（陈炜　郝建国　摄）

北棕鸟 *Agropsar sturninus*

棕鸟科 *Sturnidae*

形态特征 中型椋鸟，头顶至上背呈淡灰色至暗灰色，枕部具一块灰紫黑色块斑，其余上体呈黑色，具有紫色光泽。尾上覆羽呈棕白色，翅和尾呈黑色，翅和肩部有白色带斑，头侧和下体呈灰白色。

生活习性 雏鸟晚成性，主要栖息于低山丘陵和平原地区的次生阔叶林、林缘、疏林、灌丛、农田、草地和村屯附近的小块丛林，尤其以农田防护林或稀疏树木的农田、草地等开阔地区较为常见；营巢于树洞、废弃房屋墙壁的洞穴、空心水泥和电柱顶端的空隙；除繁殖期单独或成对活动外，其他时期多为成群活动；主要以甲虫、尺蠖、蝗虫、蚂蚁、蟒象、地老虎、舟蛾等鞘翅目，鳞翅目，直翅目等昆虫为食，也以植物果实和种子为食；北京地区为夏候鸟。

（陈炜　摄）

红胁蓝尾鸲 *Tarsiger cyanurus*

鹟科 *Muscicapidae*

形态特征 中小型鹟科鸟类，雄鸟上体呈灰蓝色，有一条短的白色眉纹。下体呈白色，胸侧呈灰蓝，两胁为橙棕色。雌鸟上体呈橄榄褐色，尾上覆羽和尾缀呈蓝色。下体颏、喉、腹呈白色，胸缀呈褐色，胸侧和两胁呈橙红色，腹为白色。

生活习性 雏鸟晚成性；繁殖期主要栖息于海拔 1 000 米以上的山地针叶林、岳桦林、针阔叶混交林和山上部林缘、疏林、灌丛地带；迁徙季节也见于低山丘陵和山脚平原地带；营巢于山地比较茂密的暗针叶林和岳桦林；常单独或成对活动，有时以 3 ~ 5 只的小群形式活动；主要以昆虫为食，也以少量的植物果实和种子等植物性食物为食；北京地区为旅鸟。

（莫训强　黄越　摄）

乌鹟 *Muscicapa sibirica*

鹟科 *Muscicapidae*

形态特征 小型鹟类，上体呈黑乌灰褐色，眼圈为白色，翅和尾呈黑褐色，内侧飞羽具有白色羽缘。下体呈白色，胸和两胁具宽阔纵纹。

生活习性 主要栖息于海拔 800 米以上的针阔叶混交林和针叶林；营巢于针阔叶混交林和针叶林中的树上；除繁殖期成对活动外，其他时期多为单独活动；主要以昆虫和幼虫为食；北京地区为旅鸟。

（陈炜 摄）

北灰鹟 *Muscicapa dauurica*

鹟科 *Muscicapidae*

形态特征 小型鹟类，上体呈灰褐色，眼周和眼先呈白色，翅和尾呈暗褐色，翅上大覆羽具窄的灰色端缘，三级飞羽具棕白色羽缘。下体呈灰白色，胸和两胁缀淡灰褐色。

生活习性 主要栖息于阔叶林、针阔叶混交林和针叶林，尤其以山地溪流沿岸的混交林和针叶林较为常见；营巢于森林中的乔木树枝杈；常单独或成对活动；主要以昆虫和幼虫为食；北京地区为旅鸟。

（陈炜 郝建国 摄）

红喉姬鹟 *Ficedula parva*

鹟科 *Muscicapidae*

形态特征 小型鹟类，雄鸟上体呈黄褐色，眼先、眼周呈白色，尾上覆羽和中央尾羽为黑褐色，外侧尾羽为褐色，基部呈白色。在繁殖期颏、喉为橙红色，胸淡呈灰色，其余下体呈白色；在非繁殖期，颏、喉变为白色。雌鸟的颏、喉为白色，胸沾棕。其余同雄鸟。

生活习性 栖息于从低山丘陵和山脚平原地带的阔叶林、针阔叶混交林和针叶林；营巢于森林沿河一带的老龄树洞或啄木鸟啄出的树洞以及树的裂缝；常单独或成对活动；主要以鞘翅目、鳞翅目等昆虫和幼虫为食；北京地区为旅鸟。

（陈炜　摄）

麻雀 *Passer montanus*

雀科 *Passeridae*

形态特征 小型雀类，额、头至后颈呈栗褐色，头侧呈白色，耳部有一块黑斑。背呈沙褐色或棕褐色，具黑色纵纹。颏、喉为黑色，其余下体呈黑灰白色，微沾褐色。

生活习性 主要栖息在人类居住的环境，生境多样；营巢于村庄、城镇等建筑；常成群活动；食性较杂，主要以植物性食物为主，在繁殖期也以大量昆虫为食；北京地区为留鸟。

（陈炜　摄）

树鹨 *Anthus hodgsoni*

鹡鸰科 *Motacillidae*

形态特征 中小型鹨类，上体呈橄榄绿色，具褐色纵纹，头部比较明显。眉纹呈乳白色或棕黄色，耳后有一块白斑。下体呈灰白色，胸具黑褐色纵纹。在野外停栖时，尾常上下摆动。

生活习性 常出现在林缘、河谷、林间空地、高山苔原和居民点等生境；营巢于地上的草丛或灌木旁的凹坑以及林中溪流岸边的石隙下的浅坑内；以 3 ~ 5 只的小群形式活动；主要以昆虫为食，也以小型无脊椎动物和植物性食物为食；北京地区为旅鸟。

（莫训强　陈炜　摄）

燕雀 *Fringilla montifringilla*

燕雀科 *Fringillidae*

形态特征 中小型燕雀科鸟类，嘴粗壮而尖，呈圆锥状。雄鸟从头至背呈灰黑色，背具黄褐色羽缘。腰呈白色，颏、喉、胸呈橙黄色，腹至尾下覆羽呈白色，两胁呈淡棕色而具有黑色斑点。两翅和尾呈黑色，翅上具白斑。雌鸟体色较淡。

生活习性 繁殖期栖息于各类森林，尤其以桦树占优势的树林较为常见；迁徙季节主要栖息于林缘、疏林、农田、果园和村庄附近的小林；营巢多置于桦树、杉树等紧靠主干的分枝；主要以植物性食物，尤其以杂草种子为食；北京地区为冬候鸟。

（黄越　陈炜　摄）

锡嘴雀 *Coccothraustes coccothraustes*

燕雀科 *Fringillidae*

形态特征 中型燕雀科鸟类，嘴粗大，呈铅蓝色，头皮呈黄色，喉有一块黑色块斑。背呈棕褐色，后颈有一个灰色领环，两翅和尾呈黑色，尾上覆羽呈棕黄色，尾具白色端斑，翅上有一块大的白色翅斑。下体呈灰红色或葡萄红色。

生活习性 主要栖息于低山、丘陵和平原地带的阔叶林、针阔叶混交林和次生林及人工林；秋季经常活动于林缘、溪边、果园、路边和农田地带的小树林和灌丛；有时在城市公园和房舍边孤立的树上活动和觅食；营巢于阔叶树枝叶茂密的侧枝；多单独和成对活动；主要以植物果实、种子为食，也以昆虫为食；北京地区为冬候鸟。

（黄越 摄）

黑尾蜡嘴雀 *Eophona migratoria*

燕雀科 *Fringillidae*

形态特征 中型燕雀科鸟类，嘴粗大、呈黄色，嘴尖呈黑色。雄鸟头呈灰黑色，背、肩呈灰褐色，腰和尾覆羽呈浅灰色，两翅和尾呈黑色，初级覆羽和外侧飞羽呈白色端斑。颏和上喉呈黑色，其余下体呈灰褐色或沾黄色，腹和尾下覆羽呈白色。雌鸟头灰呈褐色，背灰呈黄褐色，腰和尾上覆羽近银灰色，尾羽呈灰褐色、端部多为黑褐色。头侧、喉为银灰色，其余下体呈淡灰褐色，腹和两胁沾橙黄色。

生活习性 栖息于低山和山脚平原地带的阔叶林、针阔叶混交林、次生林和人工林；出现于林缘、疏林、河谷、果园、城市公园以及农田地边和庭院的树上；营巢于乔木树的侧枝枝杈；在繁殖期，单独或成对活动；在非繁殖期，以10只的大群形式活动；主要以植物性食物为食，也以部分昆虫为食；北京地区为留鸟。

（莫训强 黄越 摄）

金翅雀 *Chloris sinica*

燕雀科 *Fringillidae*

形态特征 小型燕雀科鸟类，嘴细直而尖。基部粗厚，头顶呈暗灰色。背呈栗褐色，具暗色羽干纹，腰呈金黄色，尾下覆羽和尾基呈金黄色，翅上和翅下都有一块大的金黄色块斑。

生活习性 栖息于海拔 1 500 米以下的疏林，尤其喜欢林缘、疏林和生长有零星大树的山脚平原；出现于城镇公园；营巢于针叶树幼树、阔叶树和竹丛；主要以农作物为食；北京地区为留鸟。

（陈炜　郝建国　摄）

黄喉鹀 *Emberiza elegans*

鹀科 *Emberizidae*

形态特征 中小型鹀类，雄鸟有一个短而竖直的黑色羽冠，其余头顶和头侧也为黑色，眉纹自额至枕侧，长而宽阔，前段为黄白色，后段为鲜黄色。背呈栗红色或暗栗色，具黑色羽干纹，两翅和尾呈黑褐色，最外侧两对尾羽具大型楔状白斑，翅上有两道白色翅斑。颏为黑色，上喉为黄色，下喉为白色，胸有一块半月形黑斑，其余下体呈白色或灰白色，两胁具栗色纵纹。雌鸟和雄鸟大致相似，但羽色较淡，头部由黑色转为褐色，胸前的黑色半月形斑不明显或消失。

生活习性 栖息于低山丘陵地带的次生林、阔叶林、针阔叶混交林的林缘、灌丛，尤其喜欢河谷与溪流沿岸的疏林、灌丛；也栖息于有稀疏树木或灌木的山边草坡以及农田、道旁和居民点附近的小块次生林；营巢于林缘、河谷和路旁次生林与灌丛中的地上草丛或树根旁；在繁殖期，单独或成对活动；在非繁殖期，多以 5 ~ 10 只的小群形式活动；主要以昆虫和幼虫为食；北京地区为旅鸟和冬候鸟。

（莫训强　黄越　陈炜　摄）

参考文献

1. 张天麟 . 园林树木 1600 种 . 北京 : 中国建筑工业出版社 , 2010.

2. 刘树明 . 园林植物图鉴 . 福州：福建科技出版社 , 2018.

3. 刘燕 . 园林花卉学 . 3 版 . 北京 : 中国林业出版社 , 2016.

4. 吴棣飞 , 尤志勉 . 常见园林植物识别图鉴 . 重庆 : 重庆大学出版社 , 2010.

5. 刘冰 , 林秦文 , 李敏 . 中国常见植物野外识别手册：北京册 . 北京 : 商务印书馆 , 2018.

6. 耿世磊 . 常见植物识别速查图谱 . 北京：化学工业出版社 ,2018.

7. 中国科学院中国植物志编辑委员会 . 中国植物志 . 北京 : 科学出版社 , 2004.

8. 赵正阶 . 中国鸟类志：上卷 . 非雀形目 . 长春：吉林科学技术出版社 , 2001.

9. 赵正阶 . 中国鸟类志：下卷 . 雀形目 . 长春：吉林科学技术出版社 , 2001.

10. 刘阳，陈水华 . 中国鸟类观察手册 . 长沙：湖南科学技术出版社 , 2021.